Hubert Reeves:
Schmetterlinge und Galaxien
Kosmologische Streifzüge

Mit 17 Schwarzweißabbildungen
Aus dem Französischen von
Friedrich Griese

Deutscher
Taschenbuch
Verlag

dtv

Ungekürzte Ausgabe
Dezember 1994
Deutscher Taschenbuch Verlag GmbH & Co. KG, München

Titel der französischen Originalausgabe:
Malicorne. Réflexions d'un observateur de la nature

ISBN 3-446-16447-2
Umschlaggestaltung: Heinz Lauer
Umschlagfoto Rückseite: Carl Hanser Verlag, München
Satz: Fotosatz Reinhard Amann, Aichstetten
Druck und Bindung: C. H. Beck'sche Buchdruckerei, Nördlingen
Printed in Germany · ISBN 3-423-30443-X

Inhalt

10. Ein Kirchturm über Rotbuchen 156

Anhänge 173

Junimorgen in Malicorne

Die Pollen führen in der bläulichen Luft ein großes Ballett auf, als ich die Morgensonne mit der Hand einzufangen versuche. Winzige weiße Büschel tauchen aus dem Schatten auf, treiben langsam auf den Luftschichten, leuchten für einen kurzen Augenblick auf und kehren ins Unterholz zurück, um sich wieder in Schatten zu verwandeln. Jedes Büschel trägt einen Samen, kostbare Fracht, riesige Datenbank, irgendwo in der Landschaft zu deponieren, damit wieder und wieder ein neuer Frühling erblühen kann.

Zu meinen Füßen rieselt ein Bach. An seinem Bett strecken hohe Erlen ihre knotigen Wurzeln aus, zwischen denen das Wasser sich schäumend hindurchzwängt. Die Strahlen der Sonne versilbern die Wirbel, die diese Hindernisse den Bewegungen der Flüssigkeit aufzwingen. Schnell vergehende schillernde Muster, schmale leuchtende Streifen blitzen auf. Sirrend schwebt eine metallisch blau und bronzen glänzende Libelle darüber hin.

Erlen, Bündel von Stämmen, die sich aus einem Gewirr von halb umspülten Wurzeln erheben, schwere Zweige, die sich über das Bachbett herabneigen und vielfach Brücken bilden – welch ein Vergnügen, euch zu betrachten, wenn aus dem Schatten, den ihr auf das Wasser werft, silbrige Kreise auftauchen. Der unermüdliche, traurige Gesang einer Turteltaube ist zu hören.

Die Spiegelung des Himmels im Wasser, den unruhigen Reflex des Blau zwischen den sanft sich wiegenden Ästen – ich liebe diese Landschaft. Meine Schritte lenken mich immer wieder zu den beschatteten Bächen, die in den Talgründen fließen. Ich setze mich auf einen Baumstumpf. Um die flüchtige Erinnerung an diese erhabenen Momente zu bewahren, halte ich sie auf einem Diktiergerät fest. Die obigen Zeilen bannen meine Erinnerung an den Glanz eines Junimorgens am Ufer des Branlin.

Malicorne ist ein kleines Dorf im Puisaye, der Heimat der Colette, im Norden Burgunds gelegen. In dieser fruchtbaren, sattgrünen Landschaft mit ihren sanften Hügeln kann man stundenlang wandern, ohne einem Auto zu begegnen. Hier muß man seine Uhr ablegen und sich dem Rhythmus der Natur anvertrauen, von dem das moderne Leben uns in so grausamer Weise abschneidet. Der Wandel der Jahreszeiten macht sich deutlich bemerkbar. Wenn die blühenden Akazien und Linden duften, ist es Frühling, und wenn in den feuchten Wiesen die Herbstzeitlosen auftauchen, ist der Herbst gekommen.

Dieses Buch ist aus meinen Spaziergängen in dieser Landschaft hervorgegangen. Es hat sich fast von selbst geschrieben. Beinahe ohne mein Wissen. Ich bin weniger sein Verfasser, eher sein Betrachter. Ich verdanke es den goldenen Lichtbahnen, die den Teppich von Immergrün im Halbschatten des Waldbodens aufschimmern lassen.

Dort erfaßt mich ein tiefer Friede. Den Geräuschen und Gerüchen geöffnet, wird mir die stille Gegenwart der Pflanzenwelt bewußt. Ich spüre, daß ich lebe, auf dem Planeten Erde, in diesem Moment der Evolution des Weltalls.

Bei diesen Spaziergängen tauchen Bilder in mir auf und in ihrem Gefolge Worte, die seit langem tief im Inneren gereift sind. In der heiteren Stille dringen sie an mein Bewußtsein empor. Manchmal sind es einfache, recht kurze Aussagen. Dann wieder ergießt sich ein nicht endender Strom von Worten. Ich spreche sie, ungeordnet, wie sie kommen, in mein treues Tonbandgerät. Zu Hause übertrage ich alles in ein Heft. So sind im Laufe der Jahre Hunderte von Seiten zusammengekommen.

Was tun mit diesem ganzen Material? Zunächst habe ich erwogen, den Inhalt dieser Hefte unverändert zu veröffentlichen, wie ein Tagebuch. Doch diesen Gedanken habe ich bald aufgegeben. Das Ganze machte einen verworrenen, unzusammenhängenden Eindruck, den man niemandem zumuten konnte. Hätte ich daraus jedoch einen wohlgeordneten Text gemacht, wäre das Persönliche und Subjektive dieser Notizen, das ich bewahren wollte, verlorengegangen.

Ich habe mich zu einer Zwischenlösung entschlossen. Ich habe ermittelt, welche Themen am häufigsten vorkommen, quasi als Obsession immer wiederkehren. Dann habe ich solche Texte, die sich diesen

Themen in etwa zuordnen lassen, gebündelt. In dem Wunsch, eine Ursprünglichkeit zu erhalten, die dem Kontext, aus dem diese Gedanken hervorgegangen sind, nahekommt, habe ich bewußt darauf verzichtet, Unklarheiten oder Wiederholungen auszumerzen. Ich wollte vor allem keine »Philosophie« im landläufigen Wortsinne liefern. Ich mißtraue der Geschlossenheit allumfassender Ideengebäude und der Logik von »Weltsystemen«. Jeder von uns versucht, sich über sein Leben und sein Schicksal klarzuwerden. Für den einen oder anderen könnten diese Reflexionen vielleicht zu einem Zeugnis, einer Inspiration werden. Das war zumindest meine Hoffnung, als ich dieses Buch schrieb.

Nachdem diese Arbeit nun beendet ist, fällt es mir leichter, sie zu beschreiben. Ihren Hintergrund bildet die Frage nach dem Verhältnis zwischen *Wissenschaft* und *Kultur*, zwischen dem, was man *weiß*, und dem, was man *tut*. Können die neuen Erkenntnisse, so habe ich mich gefragt, dazu beitragen, daß wir unsere menschliche Aktivität mit anderen Augen betrachten? Die einzelnen Kapitel handeln von den Zusammenhängen, die zwischen Wissenschaft und Dichtung, Wissenschaft und Freiheit, Wissenschaft und künstlerischem Schaffen, Wissenschaft und Rechtswesen, Wissenschaft und Religion bestehen.

Damit beschreite ich gewiß kein Neuland. Mit der Erweiterung der wissenschaftlichen Erkenntnisse verändert sich das Weltbild. So hängt die Kulturrevolution der Renaissance mit der Erkundung der Planeten mittels des Fernrohrs zusammen. Die Erde ist nicht länger Mittelpunkt des Kosmos. Die Unendlichkeit des Weltalls wird den Menschen bewußt, und das wirkt sich auf alle Formen ihres Denkens und Handelns aus, bis ins Alltagsleben hinein. Bertolt Brechts *Galileo Galilei* legt davon Zeugnis ab.

Anfang des 20. Jahrhunderts führt die Beobachtung der Galaxien zu der wichtigsten Entdeckung der modernen Wissenschaft: Unser Universum hat eine Geschichte! Die Tatsachen und Argumente, auf die sich dieses neue Weltbild stützt, habe ich in *Wunder Universum* dargestellt.

Man muß, mit Jean-Marc Lévy-Leblond zu sprechen, ständig »die Wissenschaft in die Kultur hineintragen«. Wie wirkt es sich auf unsere Denk- und Handlungsweisen aus, wenn wir das Universum als historisch begreifen? Es geht hier nicht darum, das menschliche Handeln reduktionistisch zu »erklären«. Die Rechtsprechung, das künstlerische Schaffen und die mystische Schwärmerei – jede dieser Aktivitäten versteht sich ganz von selbst und bedarf keiner wissenschaftlichen Erklärung, Begründung oder Rechtfertigung. Man kann allenfalls hoffen, ein neues Licht auf sie zu werfen, wenn man sie wieder in den geschichtlichen Rahmen rückt, in den sie gehören.

Der Gedanke der »Versöhnung« wird uns auf diesen Seiten immer wieder begegnen. Im ersten Teil – *Lichtreflexe* – wird man sehen, daß wissenschaftliche und poetische Betrachtungsweise einander nicht ausschließen, im Gegenteil: vereint lassen sie uns erst den wahren Reichtum der Welt erkennen.

Im zweiten Teil, der den Titel *Schmetterlinge über einem Rapsfeld* trägt, wird beschrieben, wie sich die Auffassungen der Wissenschaft über »Freiheit« und »Kreativität« verändert haben. Diese Begriffe können dank der Fortschritte der Mathematik und der Astronomie nunmehr in das wissenschaftliche Denken einbezogen werden.

Der dritte Teil umfaßt Reflexionen über unterschiedliche menschliche Aktivitäten. Das künstlerische Schaffen, die Gesetzgebung und die religiöse Funktion erhalten, im Licht unserer neuen Erkenntnisse betrachtet, neue Bedeutungen. Die in verwandten Zusammenhängen bisweilen benutzte Wendung »aus der Sicht des Sirius« wird hier abgewandelt zu dem Titel: *Aus der Sicht der Hintergrundstrahlung*. Für den von uns gewählten Maßstab ist Sirius nämlich nicht weit genug entfernt.

Immer wieder wird auf diesen Seiten von *Spielen* die Rede sein. Wir werden untersuchen, in welchem Maß Spiele an der Entwicklung der kosmischen Komplexität beteiligt waren. Zugleich werden wir zu bestimmen versuchen, welche Bedingungen erfüllt sein müssen, damit *Freiräume* entstehen, in denen diese Spiele sich abspielen können, sowohl im kosmischen Maßstab wie im menschlichen Leben.

Unsere Überlegungen werden dann und wann zu einem bevorzugten Bereich führen, dem *Spielbereich*, wo das Kleinkind der Außenwelt die Stirn zu bieten versucht. Durch den englischen Psychoanalytiker D. W. Winnicott wissen wir, wie wichtig dieser Ort für die Entwicklung der verschiedenen Aktivitäten der menschlichen Psyche ist. Jede bezieht daraus auf ihre Weise ihre Motivation und ihre Dynamik. Betrachtet man sie von diesem Ort aus, erkennt man, was sie im Grunde eint und was sie im einzelnen trennt; es ergeben sich Ansätze einer Lösung für ihre säkularen Konflikte und ihre scheinbaren Widersprüche.

Der Titel des Buches möchte darauf aufmerksam machen, daß hier nicht streng durchdachte, schlüssige Thesen vorgetragen werden, sondern vielmehr persönliche Impressionen, hervorgerufen durch ganz einfache Bilder: die Reflexe des Sonnenlichts an einem Baum, den unter den ersten wärmenden Strahlen der Frühlingssonne aufblühenden Waldboden, einen Schmetterlingsflug, einen Kirchturm, einen Fabrikschornstein auf dem Lande. Indem ich diese Reflexionen in einen ländlichen Rahmen verlegte, wollte ich mir selbst einen »Freiraum« – einen Spielraum! – geben, von wo aus ich mich auf ungesichertes Gelände vorwagen kann, wie es unter Freunden möglich ist.

Besonders lag mir daran, diesen Reflexionen ihren subjektiven Charakter zu erhalten. Ich bin, wie alle anderen, Teil der Realität, die ich beschreibe. Mit den Problemen und Konflikten des menschlichen Lebens konfrontiert, reagiere ich mit meiner Empfindlichkeit und Erregbarkeit. Das wird man auf den folgenden Seiten immer wieder merken.

Zu meinem Vokabular muß ich sagen, daß ich die Wörter »Natur«, »Realität« und »Welt« ziemlich unterschiedslos verwende. Obendrein habe ich noch die ärgerliche Neigung, diese Entitäten zu vermenschlichen. Ich hätte es gern gesehen, wenn der Verlag dem Buch eine Tüte voll Gänsefüßchen beigegeben hätte, mit der freundlichen Bitte an den Leser, diese nach eigenem Gusto dort anzubringen, wo er es für nötig hält. Die vermenschlichende Redeweise sollte nicht allzu ernstgenommen werden; man muß ihr aber zugestehen, daß sie unter pädagogischem Aspekt überaus nützlich ist.

* * *

Wir leben in Malicorne unter den hohen Bäumen eines alten burgundischen Bauernhofes. Ich liebe es, Bäume zu pflanzen, besonders solche mit einer langen Lebensdauer: Libanonzedern, Himalayazedern, Riesensequoias aus Setschuan, Roteichen, Kastanienbäume. Ich habe Sequoias ausgesät, die inzwischen über drei Meter hoch sind. Wir nennen diese Ansammlung von Bäumen in unserem Malicorner Garten den »tausendjährigen Wald«.

Es macht mir unendlich viel Freude, für diese Bäume verantwortlich zu sein, die mich um ein Vielfaches überleben werden. (Sollte jemand auf den Gedanken kommen, sie zu fällen, werde ich aus meinem Grab aufstehen.)

Ich besuche sie. Ihre intensive Gegenwart spricht zu mir und inspiriert mich. Es ist mir ein Vergnügen, ihren Beitrag zu den in diesem Buch vorgelegten Reflexionen ausdrücklich zu erwähnen.

Erster Teil

Lichtreflexe

Wissenschaft und Poesie

1.
Das Reich der Zahlen

Ein weiter Himmel von kräftigem Blau unterstreicht die fahlen Pastellfarben des herbstlichen Blätterwerks. Zwischen dunklen Nadelbäumen und roten Ahornbäumen stehen Espen, deren schimmernde Blätter im Morgenwind zittern. Schnelle Bewegungen, rhythmische Schwingungen, wie das Glitzern silbriger Reflexe auf dem Meer.

Von weißen Stämmen eingerahmt, vermittelt dieses Zittern, nein, dieses Wimmeln lebhafter Lichter dem Auge einen Eindruck von Fülle und Vollkommenheit. Hier ist alles genau an seinem rechten Ort.

Der menschliche Geist gibt sich mit Bewunderung nicht zufrieden. Er will außerdem verstehen. Heute, nach zweitausend Jahren wissenschaftlicher Forschung, haben wir vieles begriffen. Wir wissen, warum der Himmel blau oder grün oder rosa ist, warum das Laub sich verfärbt. Wir kennen die Gesetze, die die anmutigen Schwingungen der Blätter an ihren Stielen bestimmen. Wir sind in der Lage, die Anzahl der Photonen zu berechnen, die das Laubwerk in unsere staunenden Augen lenkt.

Aber droht nicht die Perfektion der Erklärungen den Zauber dieses Anblicks zu zerstören? Hat dort, wo die Wissenschaft gesprochen hat, die Poesie noch etwas zu sagen? Kann der unaussprechliche Reiz dieses Herbstmorgens noch bestehen, nachdem die vielfältigen Mechanismen analysiert sind, die der unerbittliche Blick des Forschers darin aufgespürt hat?

Wenn ich Vorträge halte, taucht in der anschließenden Diskussion immer wieder diese Frage auf. Die Besorgnis, die sich darin äußert, ist bei unseren Zeitgenossen sehr wach. Ich spreche sie hier auch deshalb an, weil ich, der ich mich zu beiden, der Wissenschaft und der Poesie, hingezogen fühle, sie mir oft selber gestellt habe.

Sonnenuntergang am Pazifik

Das erste Erlebnis dieser Art hatte ich, als ich achtzehn war. Ich absolvierte damals ein Sommerpraktikum am Dominion Astrophysical Observatory an der kanadischen Westküste.

Abends ging ich regelmäßig ans Meer, um zu sehen, wie die Sonne im Ozean versank. Das Erlebnis, von dem ich berichten möchte, ereignete sich bei einem besonders prachtvollen Sonnenuntergang, der sich mir mit allen Farbnuancen so eingeprägt hat, daß ich mich noch heute, vierzig Jahre später, daran erinnere.

In der Ferne gehen die schneebedeckten Gipfel des Küstengebirges langsam vom Weiß zum Rosa über. Im ruhigen Wasser des Meeres gespiegelt, breiten diese Farben sich auf der langen Dünung aus, die von der hohen See hereinkommt.

In die stille Betrachtung versunken, kommt mir plötzlich ein beunruhigender Gedanke in den Sinn und »reißt mich aus meiner Träumerei wie ein Zahn« – so hätte es Jacques Prévert gesagt.

Das Schauspiel des Meeres ist mir seit langem vertraut. Immer wieder bin ich die Steilküste der Gaspésie [in Québec] und die unendlichen Strände des Sankt-Lorenz-Golfes entlanggewandert. Doch seit meinem letzten Aufenthalt am Meer ist etwas geschehen, das erst jetzt seine volle Bedeutung gewinnt. Vor einigen Monaten habe ich als Student der Physik an der Universität Montréal die Maxwellschen Gleichungen kennengelernt.

Maxwell war ein schottischer Physiker des letzten Jahrhunderts. Die Theorie des Lichtes verdanken wir weitgehend ihm. Die von ihm aufgestellten Gleichungen liefern uns eine hervorragende mathematische Darstellung des Verhaltens des Lichts. Spiegelung, Brechung, Beugung, Interferenz – alle Spiele des Lichts entstehen aus der Wechselwirkung von Atomen mit elektrischen und magnetischen Feldern. Maxwells glänzende, mathematisch elegante und physikalisch bewährte Theorie setzt den Studenten, der ihr zum ersten Mal begegnet, in Flammen. Für den, der Physik studiert, ist dies einer der großen Momente.

Angesichts des friedlichen Ozeans, den der Sonnenuntergang in grandiose Farben taucht, macht sich eine innere Stimme vernehmbar: »Diese Muster, diese Formen, diese schillernden Farben sind mathematische Lösungen der Maxwellschen Gleichungen. Ganz und gar vorhersehbar und berechenbar. Das ist alles.«

In meinem Kopf herrscht Panik. Die Furcht, daß sich das herrliche Vergnügen, dem ich mich hingebe, in Nichts auflöst. Muß ich für immer darauf verzichten, nun, da ich über die Einfriedung geschaut und von der vergifteten Frucht der Erkenntnis gekostet habe? Dieses grausame Opfer erscheint mir unannehmbar, doch auch ein Zurück kann es nicht geben. An meinem inneren Himmel erheben sich kalt und unerbittlich die Maxwellschen Gleichungen. Ihr schonungsloses Licht zerstört, so scheint es mir, den zerbrechlichen Zauber des rosigen Himmels und des schimmernden Meeres.

Von diesem Zwiespalt erschüttert, kehre ich dem Landschaftsbild, das mir jetzt unerträglich geworden ist, den Rücken und begebe mich, vorbei an den Riesensequoias des Beacon Hill Park, nach Hause. Ein heftiger Kopfschmerz befällt mich, als sei mir ein Eisenkeil in den Schädel gedrungen. Vor diesem unausweichlichen Dilemma begreife ich die ursprüngliche Bedeutung des Wortes »Schizophrenie«, Bewußtseinsspaltung.

Dieser Abend hat bleibende Spuren bei mir hinterlassen. Mit ihm begann eine lange Reise, die noch immer nicht beendet ist. Die Suche nach einer Lösung, oder besser, einer Versöhnung, hat mich vielfältige Ansätze erkunden lassen. In der Hoffnung, das Schauspiel der rosigen Wellen auf dem stillen Meer wieder friedlich genießen zu dürfen, habe ich bisweilen ungewöhnliche Pfade beschritten.

Den Weg, den ich seither gegangen bin, möchte ich hier nachzeichnen für all jene, die wie ich irgendwann in ihrem Leben den grausamen Keil verspürt haben. Kann man sich noch der Bewunderung des Naturschauspiels hingeben, nachdem man dank der Wissenschaft hinter seine Geheimnisse geschaut hat?

Zunächst einige einschränkende Vorbemerkungen. Was ich beschreibe, ist ein zwangloses, der Laune des Augenblicks gehorchendes Umkreisen einer Frage. Oder ein Bericht, wie man ihn seinen Freunden gibt, wenn man von einer Reise zurückkommt. Wir werden gemeinsam verschiedene Gebiete menschlichen Handelns besichtigen.

Meine Absicht ist nicht, eine umfassende Gesamtschau zu bieten; wir werden nur das berücksichtigen, was uns bezüglich unserer Frage Aufklärung zu geben vermag.

Wenn man von den Ereignissen einer langen Reise berichtet, ist es üblich, seinen Zuhörern zunächst einen Überblick über die zurückgelegte Wegstrecke zu geben. Das ist besonders hilfreich, wenn man verschlungene Wege oder Umwege eingeschlagen hat und gelegentlich auch ein Stück weit zurückgegangen ist. So kann jeder zu jeder Zeit feststellen, an welchem Punkt der Reise man sich befindet.

Der Reisebericht füllt vier Kapitel dieses Buches. Im ersten wird die Geschichte der Entstehung und des Aufstiegs des Reiches der Zahlen nacherzählt, im zweiten werden die Ursachen seines Niedergangs untersucht. Man wird sehen, wie sich die Mathematik zunächst immer stärker als höchster, als vollkommener Ausdruck der Realität durchgesetzt hat, bis sie auf Schwierigkeiten stieß, die sie auf ihre wahre Größe zusammenschrumpfen ließen. Wir sehen heute, daß die Logik, Grundlage der Mathematik, ein Prozeß im Werden ist, eine Methode, die wie alle menschlichen Dinge unvollkommen ist und sich verzweifelt um Kohärenz bemüht. Daher muß sie alte hegemoniale Ansprüche, die sie nicht mehr begründen kann, aufgeben.

In den beiden folgenden Kapiteln werden wir versuchen, den Vorgang zu verstehen, durch den die Menschen zum logischen Denken gekommen sind. Wir werden die Elemente, aus denen es sich zusammensetzt, zu bestimmen suchen (drittes Kapitel). Dank der Psychoanalyse können wir seinen Entstehungsort identifizieren: Es ist die Angst des Kleinkinds vor der erschreckenden Realität (viertes Kapitel).

In diesen realistischeren und bescheideneren Rahmen zurückversetzt, besteht die eigentliche Rolle des logischen Denkens nicht, wie behauptet worden ist, darin, die anderen Methoden des menschlichen Geistes zu verdrängen, sondern vielmehr gemeinsam mit ihnen zu den vielfältigen Facetten der Realität vorzudringen und sie zu erforschen. *»Nur die Fülle führt zur Klarheit«,* schreibt Schiller.

Das Reich der Zahlen

Woher rührt der Hegemonieanspruch, den ich dem wissenschaftlichen Diskurs bereitwillig einräumte? Was könnte ihm das Recht geben, alle anderen Diskurse zu verdrängen? Worauf könnte er – ein weit gravierenderes Delikt – seine Forderung stützen, daß ich auf eine unerschöpfliche Quelle der Freude – die naive Bewunderung der Natur – verzichte?

Die Geschichte des Reiches der Zahlen beginnt vor mehr als zweieinhalbtausend Jahren an den Gestaden des Mittelmeers. In dem Bestreben, die sie umgebende Welt zu verstehen, kommen griechische Denker auf eine geniale Idee. Hinter der ungeheuren Komplexität der sichtbaren Realität gibt es ein unsichtbares »Einfaches«. Dieses »Einfache« besteht aus einigen Grundelementen, Bausteinen, wenn man so will, aus denen alles in geordneter und organisierter Weise zusammengesetzt ist.

Die Realität zu »denken« hieße zunächst, diese Elemente ausfindig zu machen. Dann müßten der Reihe nach die Mechanismen auseinandergenommen werden, dank derer aus diesen einfachen Elementen die komplizierte sichtbare Realität entsteht.

Die Suche nach den Grundbausteinen der Realität zieht sich über mehrere Jahrhunderte hin. Anfangs werden verschiedene materielle Elemente benannt: Wasser, Feuer, Luft und Erde. Diese anfängliche Identifikation mit konkreten Substanzen[1*] macht bald abstrakteren Elementen Platz. Von den Dingen geht man über zu den Ideen.

Pythagoreische Mythologie

Jeder kennt den pythagoreischen Lehrsatz über die Summe der Quadrate der Seiten eines rechtwinkligen Dreiecks. Über Pythagoras selbst weiß man wenig. Es heißt, er sei, schon als Kind von der grundlegenden Bedeutung der Zahlen überzeugt, nach Ägypten gegangen,

* Anmerkungen am Schluß des Bandes.

um bei Priestern des Pharaonenkults Mathematik zu studieren, so wie man heute an die bedeutenden amerikanischen Universitäten geht, um Spitzenwissenschaft zu studieren.

Pythagoras erfährt die erleuchtende Erkenntnis durch die Musik. Zwischen der Länge der Saiten einer Lyra und dem von ihnen ausgehenden Ton besteht ein einfacher Zusammenhang. Verkürzt man die Saite auf die Hälfte, ist der Ton eine Oktave höher; verkürzt man sie auf zwei Drittel, erhält man eine Quinte, bei drei Vierteln eine Quarte. Auch der Ton, den ein Hammer auf einem Amboß erzeugt, steht in einem Verhältnis zum Gewicht des Hammers.

Von der musikalischen Harmonie der Hämmer und der schwingenden Saiten inspiriert, verkündet Pythagoras einen (für seine Zeit) revolutionären Lehrsatz: *Die Natur ist im Grunde mathematisch*. Die Zahlen regieren die gesamte Realität, mehr noch, sie sind deren Wesen. Die Zahl ist der Schlüssel zum Kosmos.

Pythagoras und seine Jünger versuchen, diesen schönen Gedanken auf alle Bereiche menschlicher Aktivität zu übertragen, auch auf Moral und Justiz. Es handelt sich um eine Vision und zugleich um ein gewaltiges Forschungsprogramm.

»Was ist am weisesten?« fragen die Pythagoreer: »die Zahl«. »Und was ist das Schönste?« – »Die Harmonie der Zahlen.« Auf jene Zeit geht der Ausdruck »Musik der himmlischen Sphären« zurück. Es heißt, einer von ihnen, ein gewisser Eurites, habe es sich in den Kopf gesetzt, die *charakteristische Zahl* eines jeden Lebewesens herauszufinden. Um sie zu ermitteln, zählte er etwa die Anzahl der Steinchen, die er benötigte, um das Bild des Menschen oder des Pferdes zu legen.[2]

Diese Weise, die Realität zu denken, erfährt starken Auftrieb durch Platon. Was für Pythagoras die *Zahlen*, sind für Platon die *Ideen*. Die materielle Realität ist eine Illusion. Die höchste Realität kommt den Ideen zu. Sie »existieren« in einem nicht lokalisierbaren »Jenseits«, von wo aus sie alle Manifestationen unserer Welt begründen und regieren. »Gott ist ein Geometer«, sagen sowohl Pythagoras wie Platon.

Diese Sichtweise ist ungeheuer erfolgreich. Sie prägt die Entwicklung des abendländischen Denkens und der Wissenschaft. Wie ein Echo wird sie im Lauf der Jahrhunderte von einer beeindruckenden Reihe hervorragender Denker aufgegriffen.

Galileo wird schreiben: »Die im großen Buch des Universums niedergelegte Philosophie ist in der Sprache der Mathematik formuliert. Ohne sie ist es menschenunmöglich, auch nur das geringste zu begreifen, und man kann nur in einem dunklen Labyrinth umherirren.« »Die Mathematik ist die Sprache Gottes«, wird Newton sagen. Und Einstein: »Die Welt ist letzten Endes in geometrischen Begriffen erklärbar.« Richard Feynman, einer der größten Physiker unserer Zeit, räumte im privaten Gespräch bereitwillig ein, daß er den Ideen und Zahlen höchste Realität zuschrieb.[3]

Bertrand Russell, ein englischer Mathematiker vom Beginn unseres Jahrhunderts, nimmt für uns in dieser Geschichte eine Schlüsselstellung ein. Er hat den Höhepunkt und den Niedergang des Reiches der Zahlen selbst miterlebt. Zu Beginn seiner Laufbahn rückte er die Theoreme der Mathematik in den Zenit seines Himmels. Für ihn sind diese Theoreme alles zugleich: die »Ideen« Platons, »die ewige Ordnung« Spinozas und die »Welt des Seins« aller Metaphysiker. In seiner Begeisterung besingt er die Wissenschaft von den Zahlen in fast lyrischen Tönen:[4] »[Es ist eine] unwandelbare, strenge, exakte Welt, köstlich für den Mathematiker, den Logiker, den Konstrukteur metaphysischer Systeme und für alle, denen die Vollkommenheit mehr bedeutet als das Leben.« »Die Mathematik ist nicht nur wahr, sie ist auch überaus schön. Sie besitzt eine kalte und schroffe Schönheit, vergleichbar der von Skulpturen, ohne Zugeständnis an die Schwächen unserer menschlichen Natur. Die prächtigen Fallgruben der Malerei und der Musik meidend, ist sie von einer erhabenen Reinheit und einer Vollkommenheit, wie sie den größten Meisterwerken der Kunst angemessen ist.«

Diese lyrischen Äußerungen des großen Mathematikers – er wird später seine Meinung ändern – erlauben uns, diesen absoluten Glauben an den Primat der Ideen und Zahlen, der über zwei Jahrtausende herrschte, als »pythagoreische Mythologie« zu bezeichnen.

Nietzsche, luzid und sarkastisch, nannte die Anhänger dieses Glaubens »die Erleuchteten der Nachwelt«. Man wird sehen, daß die Ereignisse ihm weitgehend Recht geben sollten. Doch verfolgen wir weiter die spektakuläre Expansion des Reiches der Mathematik.

Die Stufenleiter der Erkenntnisse

Im Laufe der Jahrhunderte dringen die Zahlen immer stärker in alle Bereiche der Erkenntnis ein.

Galilei (heißt es) läßt Kugeln schiefe Ebenen hinabrollen und mißt die in einer bestimmten Zeit zurückgelegte Wegstrecke. Er wendet seine Ergebnisse auf das Studium der Bewegung der Himmelskörper an. Mit einem Schlag hebt er zweitausend Jahre aristotelischer Physik auf. Die absolute Bewegung existiert nicht, der absolute Raum existiert nicht. Beide sind relativ in bezug auf den Beobachter.

Pascal vergleicht den Druck, den sein Barometer in Clermont-Ferrand und auf den Bergen der Umgebung anzeigt, und schließt daraus auf die Existenz der Erdatmosphäre.

Descartes mißt die Winkel, unter denen das Licht von Spiegeln reflektiert wird, und leitet daraus die Grundgesetze der geometrischen Optik ab.

Über Jahre hinweg notiert Tycho Brahe exakt die Stellung der Planeten am Himmel. Auf diese Daten gestützt, zeigt Johannes Kepler, daß die Planetenbahnen nicht kreisförmig, sondern eher *elliptisch* sind.

Die planetaren Ellipsen sind *fast* Kreise, die Unterschiede sind geringfügig. Kepler vergeude seine Zeit, sagte man damals. Hier ist jedoch, wie so oft in der wissenschaftlichen Forschung, ein noch so geringer numerischer Unterschied ausschlaggebend und zeitigt gewaltige Folgen. Dank der Vorarbeiten von Brahe und Kepler kann Newton die Theorie der universalen Gravitation formulieren. Seither bergen die Bewegungen der Planeten und der Meerestiden kein Geheimnis mehr. Die Stellung von Sonne und Mond läßt sich auf Jahrtausende im voraus berechnen.

Das Reich der Zahlen setzt seinen Siegeszug fort. Es verläßt den Rahmen der Astronomie und dringt in die gesamte Physik ein. Maxwells elektromagnetische Theorie klärt die Geheimnisse des Lichts auf. Die Thermodynamik enthüllt uns, was es mit der Wärme auf sich hat. Lavoisier und seine Nachfolger dehnen die Zahlenherrschaft auf die Chemie aus. *Damals kommt man zu dem Schluß, die Zahlen seien die gemeinsame Sprache der Wissenschaften.*

Natürlich besitzt jede wissenschaftliche Disziplin ihre eigenen Konzepte, ihre Methoden, ihre Art, die Realität zu betrachten. Aber mögen Chemie, Physik und Mathematik auch vollwertige Wissenschaften sein, so sind sie, wie man entdeckt, dennoch nicht unabhängig. So entlehnt die Chemie ihre Begriffe der Physik, die ihre eigenen Begriffe der Mathematik entlehnt. Und die Biologie stützt sich auf Begriffe der organischen Chemie.

Der Sockel von reiner Bronze

Das ist die Situation gegen Ende des vorigen Jahrhunderts, als der französische Philosoph Auguste Comte darangeht, das Reich der Zahlen zu ordnen. Er stellt eine »Rangordnung der Wissenschaften« auf. An die Spitze stellt er die Psychologie, damals eine neue Wissenschaft, die – davon ist er zumindest überzeugt – auf der Biologie aufbaut. Die Biologie aber beruht auf der Chemie, die ihrerseits auf der Physik beruht, und die Physik stützt sich auf die Mathematik. So beruht ein Bereich der Erkenntnis auf dem anderen, und ihre letzte Grundlage ist der aus reiner Bronze bestehende Sockel der Zahlen und der Logik.

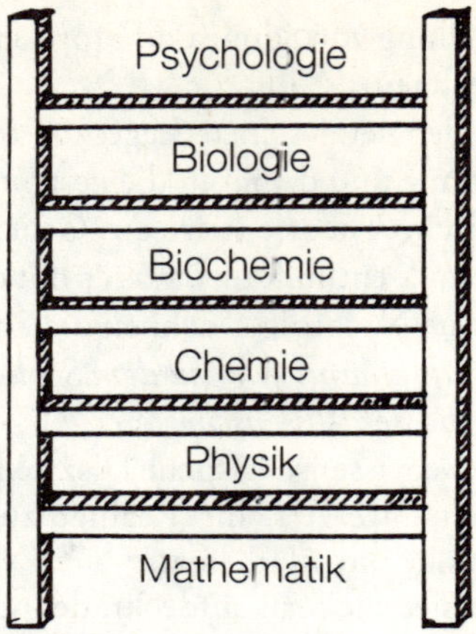

Die Stufenleiter des Auguste Comte, 1845.

Die von Auguste Comte aufgestellte Rangordnung der Wissenschaften faßt zwei Jahrtausende wissenschaftlicher Forschung zusammen und bestätigt die geniale Intuition des Pythagoras. Ewig und allmächtig, ist die Mathematik für eine lange Kette von Forschern die wahre Realität.

Wie kommt die Mathematik zu den Menschen?

An diesem Punkt stellt sich ganz von selbst eine Frage: Wie teilt sich diese Welt der Zahlen dem menschlichen Geist mit? Auf welche Weise erkennen wir sie? Durch welche geistigen Operationen hat unser Gehirn Zugang zu ihr gefunden? Diese Frage wird uns in diesem ganzen Kapitel begleiten. Sie wird sich bemerkbar machen, wenn wir uns mit dem Verhältnis von Wissenschaft und Poesie befassen.

Für Platon ist die Welt der Zahlen, ohne daß wir es wissen, unserem Gedächtnis eingeschrieben. *Wir »erinnern« uns ihrer.* Dies ist die erste Antwort, die während des Aufstiegs des Reiches der Zahlen Geltung behält.

Vielleicht hat niemand besser als René Descartes, der französische Philosoph des 17. Jahrhunderts, die Auffassung beschrieben, nach der das menschliche Gehirn in sich die »steinernen Tafeln« »entdeckt«, auf denen die Ideen, die Logik und die Mathematik eingemeißelt sind.

Ich zitiere eine Passage aus der Fünften Metaphysischen Meditation, an die wir mehrere Überlegungen anknüpfen wollen. Bestimmte Ausdrücke habe ich hervorgehoben, um ihre Bedeutung im Rahmen unserer Diskussion zu unterstreichen:[5]

»...daß es mir, während ich es zuerst entdecke, so vorkommt, als ob ich nicht sowohl irgend etwas Neues lernte, als vielmehr mich dessen, was ich schon vorher wußte, erinnerte, oder zum erstenmal *auf das achtete, was längst in mir war,* aber ohne daß ich schon früher mein Augenmerk darauf gerichtet hätte.

Hierbei verdient nun meiner Meinung nach die höchste Beachtung, daß ich bei mir unzählige Vorstellungen finde von gewissen Dingen, von denen man, *wenngleich sie vielleicht nirgendwo außer mir existieren,* dennoch nicht sagen kann, sie seien nichts. Und wenngleich ich sie gewissermaßen willkürlich denke, so erfinde ich sie dennoch nicht, vielmehr haben sie ihre wahrhaften und unveränderlichen Naturen.«

In der Epoche der christlichen Metaphysik erschien die Realität der Zahlen als etwas ganz Natürliches. Für Descartes wie für die scholastischen Philosophen existiert die »Wahrheit« in Gott. Die Mathematik findet in ihm ihre Grundlage. Die göttlichen Gebote wurden Moses auf steinernen Tafeln übermittelt. Die Gesetze der Zahlen sind von Geburt an in das Gedächtnis der Menschen eingegraben. Man muß nur lernen, sie zu lesen.

Dieser Glaube wird die Laizisierung des philosophischen Denkens in den folgenden Jahrhunderten überstehen. Man begegnet ihm noch bei zahlreichen zeitgenössischen Denkern.[3]

* * *

Blicken wir am Ende dieses ersten Kapitels noch einmal auf unsere Fragestellung und auf den bisher zurückgelegten Weg zurück. Macht die Wissenschaft mit der Erklärung der Sonnenuntergänge deren Zauber zunichte? Das ist die Frage, die uns in Bewegung gesetzt hat. Wir sind bis in die Zeit der griechischen Denker zurückgegangen. Wir sind dort auf eine These gestoßen, die über Jahrtausende hinweg großen Erfolg gehabt hat. Die Zahlen sind die letzte Realität. Sie existieren vor allem, was wir wahrnehmen. Sie sind in unser Gehirn eingeschrieben. Bedeutende Wissenschaftler sind überzeugt, sie läsen, wenn sie die mathematischen Gesetze des Kosmos entdecken, im großen Buch der Absichten Gottes.

2.
Der Niedergang des Reiches

Im 19. Jahrhundert sollte das Bild der Mathematik – als der dem menschlichen Gedächtnis einbeschriebenen Grundlage jeglicher Realität – durch einige Erschütterungen getrübt werden. Sie werden in diesem Kapitel der Reihe nach beschrieben. Unter ihrer Einwirkung verwandelt sich die Stufenleiter der Wissenschaften in einen »Kreis von Erkenntnissen«. Dieser, ein geradezu boshafter Teufelskreis, wird uns anschließend noch große Schwierigkeiten machen.

Die Mathematiker erfinden

In der Praxis ist die Mathematik seit frühester Zeit eine Dienerin der Wissenschaften und der Technik. Von den Mathematikern wird verlangt, daß sie konkrete Probleme lösen. Astronomische Berechnungen, die Vorhersage von Sonnen- und Mondfinsternissen, die Landvermessung – damit begründen und rechtfertigen sie ihre sinnreichen Verfahren. Es ist das Zeitalter der, wie wir heute sagen, »angewandten Mathematik«.

Im vorigen Jahrhundert ändert sich dann die Situation. Die Mathematiker begehren auf gegen ihre dienende Stellung. Sie »befreien« sich. Sie erfinden ihre Probleme selbst. Sie spielen Spiele, die nichts einbringen und deren Regeln sie selbst aufstellen. Sie verhalten sich wie Kartenspieler, die die Konventionen ihrer Lieblingsbeschäftigung unablässig ändern und nur eine feste Regel kennen: Mogeln verboten.

Nun machen sie eine erstaunliche Entdeckung. Die Fragen, die von Wissenschaft und Technik aufgeworfen werden, machen nur einen Bruchteil der Probleme aus, die überhaupt formulierbar sind. Für die

Mehrzahl der neuersonnenen mathematischen Theorien, die in Fachzeitschriften veröffentlicht werden, gibt es *keine Anwendung in der Realität*. Sie beschreiben in keiner Weise die uns umgebende Welt. Ihre Axiome entsprechen nicht dem, was wir über die Natur wissen. Ihr einziger Daseinsgrund ist das Vergnügen, mit dem die Mathematiker sie formuliert haben. Ihre Rechtfertigung besteht allein in ihrer Widerspruchsfreiheit.

Damit nimmt die Mathematik eine neue Dimension an. Sie wird zu einem Spiel des menschlichen Geistes.

In der Umgangssprache bedeutet »erfinden«: etwas hervorbringen, das bislang nicht existierte.[6] Von Beethovens *Neunter Symphonie* kann man nicht sagen, sie habe »existiert«, bevor Ludwig sich an seinen Arbeitstisch setzte. Auch beim Mathematiker, der mit den Axiomen spielt und so eine unendliche Vielfalt von nicht-euklidischen Geometrien aufstellt, sollte man gerechterweise – wie beim Künstler – davon sprechen, daß er »erfindet«, »erschafft«[7].

Kann man Platons und Descartes' Idee, die gesamte Mathematik sei als »Erinnerung« dem menschlichen Gehirn eingeschrieben, unter diesen Bedingungen noch ernsthaft in Erwägung ziehen? Ungefähr genauso glaubwürdig wäre die Behauptung, Joseph Haydn habe die Noten seiner 104 Symphonien von Partituren abgelesen, die bereits in seinen Kopf eingeschrieben waren...

Einstein und die Geometrie

Und doch... Hier müssen wir etwas Neues einführen, das die Karten neu mischt und die Diskussion wieder in Gang bringt. Früher waren die mathematischen Theorien, wie ich schon erwähnte, stets *in Reaktion* auf technische Probleme geschaffen worden. So versuchte Charles Fourier zu Beginn des vorigen Jahrhunderts beispielsweise, das Verhalten der Wärme zu verstehen. Um zu beschreiben, wie sich die Temperatur eines Metallstabs entwickelt, der an einem Ende erhitzt wird, ersinnt er, was zu einem neuen Kapitel der Mathematik wird: die

Analyse von Fourier-Reihen, die allen heutigen Naturwissenschaftlern wohlvertraut ist.

Seither hat sich wiederholt die umgekehrte Situation ergeben. Die Mathematik ist des öfteren der Physik vorausgeeilt. Hier einige typische Beispiele.

Anfang dieses Jahrhunderts macht die Physik einige schwere Krisen durch. Newtons Theorie der Planetenbahnen stößt auf Schwierigkeiten. Der Planet Merkur weigert sich, genau das zu tun, was die Gleichungen ihm vorschreiben. Seine Bahn ist keine vollkommene Ellipse. Sie weicht ganz geringfügig davon ab. Aber wie schon bei Kepler wird diese geringe Differenz zu einer reichen Informationsquelle. Einstein rettet die Situation. Er formuliert das Problem der Schwerkraft anders. Er entdeckt, daß der Raum, in dem sich die Planeten bewegen, mit der euklidischen Geometrie, die wir alle in der Schule gelernt haben (zwei parallele Geraden schneiden sich nie...), nicht korrekt beschrieben werden kann. Er vermutet, daß es ganz spezieller Geometrien bedürfte, um die subtilen Beziehungen zwischen den Massen der Körper und ihren Bewegungen genau zu erfassen.

Seine Kollegen weisen ihn darauf hin, daß es in der Literatur bereits derartige Geometrien gibt. Sie sind vor einem Jahrhundert von Gauß und Riemann erfunden worden. Diese beiden deutschen Mathematiker hätten nicht im Traum daran gedacht, daß ihre Arbeiten einmal in der Welt der Sterne Anwendung finden würden.

Einstein überträgt diese neuen, sogenannten nicht-euklidischen Geometrien auf sein Problem und formuliert 1915 die Allgemeine Relativitätstheorie. Dieses reine Meisterwerk des menschlichen Geistes beschreibt nicht nur korrekt die Bahn des Merkur, sie eröffnet uns auch den Zugang zur seltsamen Welt der überdichten Sterne und zu den ersten Sekunden des Universums.

Heisenberg und die Algebra

Auch die Atomphysik steckt zu Beginn des Jahrhunderts in der Krise. Die Vorhersagen der Theorie und die Versuchsergebnisse passen nicht mehr zusammen. Diesmal rettet die Quantenphysik die Situation. Bohr, Schrödinger und Heisenberg formulieren die Mechanik der Atome auf einer völlig neuen Grundlage. Doch es fehlt eine geeignete mathematische Theorie. Zum Glück sind, wie im Falle Einstein und Gauß, die Mathematiker schon mal dagewesen. Heisenberg erfährt von einem mathematischen Formalismus namens *lineare Algebra*, den der Mathematiker Jordan wenige Jahre zuvor geschaffen hat. Auf die Beschreibung der Materieteilchen angewandt, wird er zur Grundlage der Quantentheorie. Der Erfolg ist umwerfend. In einigen Fällen können Versuchsergebnisse von dieser Theorie mit einer größeren Genauigkeit als eins zu einer Milliarde vorhergesagt werden.

Etwas Ähnliches geschieht in der Physik der Elementarteilchen. Die einzelnen Naturkräfte – die elektromagnetische Kraft, die Schwerkraft, die starke und die schwache Kernkraft – sind zwar scheinbar sehr verschieden, doch irgendwo ähneln sie einander auch. Man kann sie mit ähnlichen mathematischen Formalismen beschreiben, wie sie die Physiker als »Eichtheorien« kennen. Später haben sie erkannt, daß der französische Mathematiker Cartan den entsprechenden Formalismus bereits unter der Bezeichnung »Theorie der Bündel« entwickelt hatte. Man brauchte nur die Teilchen und die Naturkräfte einzugeben, und alles klappte wunderbar…

Erfinden, ja aber…

In den drei angeführten Fällen wurde eine spielerisch erfundene Mathematik später für die Beschreibung der realen Welt genutzt. Wie durch ein Wunder entsprechen ihre Struktur und ihre innere Logik dem Verhalten der Materie unter bestimmten Bedingungen.

Wieder erhebt sich die Frage: »Wie kommt die Mathematik zu den Menschen?« Wir stehen jetzt vor einer paradoxen Situation. Wenn die Mathematik eine »Erfindung« ist, wie läßt es sich dann erklären, daß ihre Theorien, sobald sie auf die Natur angewendet werden, dieser mit einer geradezu verblüffenden Genauigkeit entsprechen? Wie können Axiome, erfunden von Mathematikern, die absolut nichts von den Problemen wissen, auf die man diese Axiome dann anwenden wird, physikalische Phänomene in mehr als neun Größenordnungen mit all ihren verschlungenen Besonderheiten abbilden?

Wie aber kann man überhaupt das Wort »entdecken« benutzen, wenn – von den berühmten Ausnahmen abgesehen – praktisch alle veröffentlichten mathematischen Theorien von den Mathematikern im freien Spiel der Phantasie entwickelt wurden und nicht den geringsten Bezug zur Realität haben?[8] Offenbar sind beide Ausdrücke – »entdekken« wie »erfinden« – gleichermaßen unzureichend. Um zu beschreiben, wie die Mathematik zu den Menschen kommt, muß man nach anderen Begriffen suchen.

Die Mathematik ist nicht vollkommen

Die spielerische Dimension hat der Mathematik ein wenig von der strengen Reinheit des pythagoreischen Mythos genommen. Andere Entwicklungen gehen in dieser Richtung noch viel weiter.

Am Anfang unseres Jahrhunderts haben Mathematiker die Grundlagen der Mathematik zu verbessern gesucht. Sie haben die von den griechischen Philosophen und speziell von Aristoteles übernommene Logik untersucht. Zu ihrer Überraschung stießen sie dabei auf Schwierigkeiten, die dem Begriffsgebäude als solchem anhaften. Als man diese beheben wollte, traten andere, noch gravierendere Schwierigkeiten zutage.

In der Hoffnung, diese zu lösen, haben sich verschiedene Denkschulen herausgebildet und sich in unterschiedliche Richtungen entwickelt. Heute können sie sich nicht mehr über die grundlegenden

Aussagen verständigen. Ob diese Zerwürfnisse behoben werden können, vermag niemand zu sagen. Die Ereignisse während dieses stürmischen Abschnitts in der Geschichte der Mathematik schildert Morris Kline in seinem Buch *Mathematics, the Loss of Certainties*.

Hier nun rufen wir Bertrand Russell in den Zeugenstand, der zu Beginn seiner Laufbahn so begeistert die Vollkommenkeit der Mathematik besungen hatte. In seiner Autobiographie[9] beschreibt er seine Enttäuschung:

»Ich wollte Gewißheiten, wie sie die Menschen in der Religion suchen. Ich habe jedoch entdeckt, daß mehrere mathematische Beweise, die ich, wenn es nach meinen Professoren gegangen wäre, hätte akzeptieren müssen, voller Fehler waren. Wenn die Gewißheiten aus der Mathematik kommen konnten, dann würde es ein neues Gebiet der Mathematik sein, mit Fundamenten, die solider waren als die bislang vorhandenen, denen man vertrauen zu können geglaubt hatte. Je mehr ich in meiner Arbeit vorankam, um so häufiger kam mir die Fabel vom Elefanten und der Schildkröte in den Sinn. Nachdem ich einen Elefanten geschaffen hatte, auf den sich die Welt der Mathematik stützen könnte, fand ich, daß er schwankte, und so ging ich daran, eine Schildkröte zu formen, um ihn auf sie zu stellen und vor dem Umfallen zu bewahren. Doch die Schildkröte war nicht solider, es bedurfte zu ihrer Stützung einer weiteren Schildkröte... Nach zwanzig Jahren harter Arbeit bin ich zu dem Schluß gekommen, daß ich mehr nicht tun kann, um der mathematischen Erkenntnis zum Status einer Gewißheit zu verhelfen.«

Über diesen Schwierigkeiten ist der Mythos von der Vollkommenheit der Mathematik verflogen. Heute fällt es schwer, daran zu glauben, daß die Gesetze der Zahlen die höchste Wahrheit der Welt enthalten. Ist es vorstellbar, daß das Wesen der Realität, die Sprache Gottes, voller Mißklänge steckt?

Wir müssen vielmehr erkennen, daß sich in der Entwicklung der Mathematik die Funktionsweise und die Grenzen des menschlichen Gehirns widerspiegeln, dessen Produkt sie, die Mathematik, unbestreitbar ist. Dann aber erhebt sich erneut und noch rätselhafter als zuvor die Frage, weshalb sie in der Beschreibung bestimmter Aspekte der realen Welt so außerordentlich leistungsfähig ist.

Das Trugbild einer definitiven Physik

Parallel zum Traum von einer vollkommenen Mathematik hegen die Physiker seit langem die Hoffnung, eine *vollständige Theorie* des Universums formulieren zu können. Schon bei Einstein als »einheitliche Theorie« vorhanden, kehrt sie heute unter dem ehrgeizigen Titel einer »Theorie von allem« *(theory of everything)* wieder. Mit ansteckendem Optimismus deutet Stephen Hawking[10] an, daß sie noch in diesem Jahrhundert entstehen könnte.

Wie weit sind diese Bemühungen gediehen? An dieser Stelle muß ein wichtiger Umstand hervorgehoben werden: Die Mathematik bildet die Realität nur näherungsweise ab. Zur Einschätzung der Lage nochmals ein historischer Rückbick.

Unter allen denkbaren Geometrien nimmt die von Euklid, die wir in der Schule gelernt haben, nach wie vor eine bevorzugte Stellung ein. Die Begriffe des Winkels und der Fläche sowie die Schlußfolgerungen, die aus der Gleichheit der Winkel gezogen werden können, werden tagtäglich von Tausenden von Architekten und Ingenieuren auf der ganzen Welt angewandt. Die Standfestigkeit und Haltbarkeit von Brücken und Wolkenkratzern beweist, daß diese Geometrie die Struktur der Wirklichkeit *hinreichend gut* darstellt. Ausgestattet mit einem hervorragenden Theodoliten, könnte ein Landvermesser jedoch zeigen, daß diese Darstellung der Architekten nicht vollkommen ist.

In der Astronomie liefert uns die Bahn des Merkur ein analoges Beispiel. Man kann das Sonnensystem mit Hilfe der euklidischen Geometrie beschreiben, solange die Orte der Planeten nicht allzu genau bestimmt werden. Wird eine Qualitätsschwelle überschritten, stimmen Theorie und Beobachtung nicht mehr überein.

Heute geben die Wissenschaftler zu, daß alle Theorien der modernen Physik nur Näherungen sind. Keine liefert ein universal gültiges Bild der realen Welt. Außerdem funktioniert jede nur innerhalb eines durch bestimmte Bedingungen definierten Bereichs, außerhalb dessen sie unbrauchbar wird.

Die Physik Newtons funktioniert beispielsweise sehr gut, wenn die Körper, auf die man sie anwendet, sich nicht allzu schnell bewegen.

Will man jedoch Teilchen beschreiben, die sich mit annähernder Lichtgeschwindigkeit bewegen, so geht nichts mehr. In diesem Fall muß man auf Einsteins Relativitätstheorie zurückgreifen. Sie ist genau auf sehr große Geschwindigkeiten und – in ihrer Version als allgemeine Theorie – auf die Beschreibung starker Gravitationsfelder eingestellt, versagt aber, wenn es um eine korrekte Darstellung des Verhaltens von Atomen geht. Dazu muß man sich der Quantenphysik zuwenden. Sie vollbringt auf ihrem Gebiet wahre Wunder. Sie beschreibt die atomaren und molekularen Vorgänge mit bewundernswerter Präzision, *vorausgesetzt*, ihre Objekte unterliegen nicht einem starken Gravitationsfeld. Dann läuft nämlich nichts mehr...

Um brauchbare Resultate zu erhalten, muß man zunächst sein Ziel eindeutig bestimmen und sich mit einer unvollständigen Beschreibung der Natur begnügen können.

»Terra incognita«

Forschungsreisende früherer Jahrhunderte ließen auf den Landkarten, auf denen sie ihre Reisen beschrieben, am Rand der bereisten Gebiete einen weißen Fleck frei, der als »terra incognita« bezeichnet wurde, unbekanntes Land, über das sie nichts sagen konnten. Die Grenze dieses Gebiets trennte den erforschten Bereich von den noch unerforschten Regionen – sie schied das Bekannte vom Unbekannten.

In der Physik haben wir auch unsere »terra incognita«. Einen Bereich, in dem nichts funktioniert. Die Fachliteratur spricht von den »Planckschen Bedingungen«. Man begegnet ihnen bei sehr hohen Temperaturen in der Gegend um 10^{32} K oder bei Dichten von 10^{93} Gramm pro Kubikzentimeter. Wer meint, solche außergewöhnlichen Temperaturen und Dichten spielten in unserem Universum keine Rolle und könnten daher ohne weiteres übergangen werden, irrt. In der fernen Vergangenheit der Welt hat es vermutlich solche Bedingungen gegeben. Sie haben wohl Spuren hinterlassen, die sich maßgebend auf das Schicksal des Universums ausgewirkt haben dürften. Doch weil wir die Gesetze der Physik, die damals herrschten, nicht kennen, kommen wir bei unserer Erkundung der Welt an diesem Punkt leider nicht voran.

Viele Physiker versuchen, eine auf diese Extrembedingungen anwendbare Theorie zu formulieren.[11] Die Schwierigkeiten sind gewaltig und die Ergebnisse bislang enttäuschend. Wenn nicht alles täuscht, wird es bestenfalls gelingen, die derzeitigen Grenzen etwas weiter vorzuschieben.

Wir haben also zur Kenntnis genommen, daß die Mathematik uns nur *angenäherte und begrenzte Darstellungen* der Realität liefert, mögen diese manchmal auch ungemein genau sein. Wir kennen ihre Grenzen (auch wenn wir sie oft nur schlecht lokalisieren können). Die Theorien der Physik verlieren jeden Wert, sobald man ihren Geltungsbereich verläßt.

Die Situation bessert sich von Jahr zu Jahr. Die Erkenntnisse nehmen zu. Die Grenzen der Unwissenheit weichen zurück. Werden wir eines Tages eine umfassende, definitive Theorie des Universums aufstellen können? Oder ist das ein Trugbild, das sich ebenso rasch entfernt, wie wir uns ihm nähern? Dieser Frage haben sich verschiedene Forscher gewidmet. Die Antworten fallen unterschiedlich aus. Sie spiegeln wohl vor allem das Temperament ihrer Autoren wider.

Wo stehen wir zur Zeit?

Wir sollten, ehe wir in der Untersuchung fortfahren, die bisher zurückgelegte Wegstrecke betrachten. Das im ersten Kapitel beschriebene, im Altertum entstandene Bild einer vollkommenen Mathematik wurde in den letzten zweihundert Jahren mit Unvorhergesehenem konfrontiert und wiederholten Erschütterungen ausgesetzt, zum ersten Mal im 19. Jahrhundert. Die Mathematiker erfinden ein neues Spiel. Sie machen sich einen Spaß daraus, ungewohnte Axiome aufzustellen und deren Konsequenzen zu entwickeln. Aus dem Nichts erschaffen sie eine *Vielzahl* von Geometrien, die sich alle von der euklidischen Geometrie unterscheiden. Die meisten dieser Geometrien beschreiben keine Realität, lösen kein Problem. Man entdeckt die spielerische Dimension der mathematischen Aktivität.

Die (wenigen) mathematischen Theorien, die die reale Welt beschreiben, werfen Fragen auf verschiedenen Ebenen auf. Warum treffen gerade sie (und nicht die anderen) die Realität? Warum haben sie immer nur einen begrenzten Anwendungsbereich, außerhalb dessen sie nicht funktionieren? Und warum besitzen sie innerhalb dieses Anwendungsbereichs eine solch ungewöhnliche Fähigkeit, die Wirklichkeit darzustellen? Die Genauigkeit ihrer Vorhersagen – oft bis auf ein Milliardstel – übertrifft bei weitem alles, was Laien erwarten würden.

Die bukolische Schlichtheit der pythagoreischen Bilder wird ein weiteres Mal erschüttert, als man zu Beginn des 20. Jahrhunderts entdeckt, daß die innere Kohärenz des Gebäudes der Logik an mehreren Stellen problematisch ist. Der Mythos von der vollkommenen Sprache des göttlichen Geometers ist ernsthaft gefährdet. Was bleibt dann aber von der pythagoreischen Mythologie und der Stellung der Mathematik?

Die Physiker dagegen sind immer noch auf der Suche nach einer absoluten Theorie des Universums. Ob man sie eines Tages finden wird, bleibt eine offene Frage. Nach meinem Eindruck stehen dieser Hoffnung die internen Schwierigkeiten der heutigen Mathematik im Wege. Eine absolute Physik, die auf einer problematischen Logik beruht, ist kaum vorstellbar…

Die Ideen haben eine Geschichte

Einige wissenschaftliche Entdeckungen verändern tiefgreifend unser Weltbild. Häufig werden wir uns dessen jedoch nur langsam bewußt. Die neuen Erkenntnisse müssen sich erst einmal durchsetzen. Dann müssen sie auf breiter Front in das zeitgenössische Denken Eingang finden. Das kann Jahrzehnte dauern.

Die Philosophen des Altertums halten – mit wenigen Ausnahmen – das Universum für *ewig und unwandelbar.* Die Materie hat immer existiert und wird immer existieren. Natürlich, Holz vermodert und Eisen rostet, aber das sind »Akzidentien«, zufällige Veränderungen ohne allgemeine Bedeutung. Bei den Sternen bleibt sich immer alles gleich, und nichts ändert sich.

Dieses Bild eines statischen Universums begleitet die Wissenschaft vom griechischen Altertum bis zum Beginn dieses Jahrhunderts. Galilei, Descartes, Newton, Laplace stellen es nicht in Frage. Auch Einstein hält überzeugt daran fest; um seine Idee von einem statischen Kosmos zu retten, ändert er sogar die Gleichungen seiner eigenen Theorie. Sie enthielten bereits 1915, zehn Jahre vor Hubbles epochemachenden Messungen, das Bild eines sich entwickelnden Universums. Als die Flucht der Galaxien und die Expansion des Universums entdeckt sind, erkennt er seinen Irrtum. »Das ist der größte Schnitzer meines Lebens«, wird er später sagen.

Seit einigen Jahrzehnten bieten uns die einzelnen Wissenschaften, besonders die Astronomie, das Bild eines dynamischen Universums. *Es gibt Veränderung in unserer Welt.* Es wandeln sich nicht nur die Formen der Tiere, es entwickeln sich nicht nur die Sterne, die ihre Farbe wechseln, leben und sterben – auch die globalen Eigenschaften des Kosmos, Temperatur, Dichte und Zustände der Materie, unterliegen im Laufe der Äonen einem tiefgreifenden Wandel.

Wir leben in einem *sich entwickelnden Universum.* Diese Entdekkung beeinflußt unser Denken umfassend, auch das, was wir über das Denken selbst denken. Sie berührt die Stellung des Reiches der Zahlen. Sie stellt nochmals die pythagoreische Mythologie in Frage.

Der Mensch hat nicht immer existiert. Nach astronomischen Zeitmaßstäben ist er erst vor ganz kurzer Zeit aufgetreten. Er geht hervor aus einer langen Reihe von Vorfahren, unter denen wir die Einzeller, die Vielzeller, die Fische, die Amphibien, die Reptilien, die Säuger und die Primaten ausmachen. Das Gehirn unserer Vorfahren hatte vor zwei Millionen Jahren nur ein Drittel vom Umfang des unseren.

Der Mensch hat nicht immer existiert, und die Griechen wußten es nicht. Dies stellt sowohl die pythagoreische Mythologie als auch Auguste Comtes Stufenleiter der Erkenntnisse in Frage. Denn nun müssen wir die historische Dimension in die Frage nach der Stellung der Ideen und der wissenschaftlichen Erkenntnis einbeziehen.

Dies stellt uns vor eine grundlegende und nicht zu umgehende Einsicht: Logik und Mathematik werden gedacht vom menschlichen Gehirn. Dieses Gehirn erscheint erst nach Milliarden Jahren der Evolution eines von physikalischen Gesetzen bestimmten Universums, in dem *es keine denkenden Gehirne gibt.*

Jetzt drängt sich uns unwiderstehlich eine Frage auf, nämlich: *»Existiert« die Mathematik, wenn es kein Gehirn gibt, das sie denken kann?* Was bedeutet das Wort »existieren« in bezug auf Ideen, wenn es niemanden gibt? Wo steckten während des Präkambriums die Zahlen und die Gesetze der Physik, denen wir unsere Existenz verdanken?

»Waren 2 plus 2 zur Zeit der Dinosaurier gleich 4?« Diese kluge Frage stellt Pirsig in seinem schönen Buch *Zen und die Kunst ein Motorrad zu warten*[12].

Welche Stellung hatte damals das Reich der Zahlen? In dem oben zitierten Text verbindet Descartes die Behauptung, »daß ich bei mir unzählige Vorstellungen finde von gewissen Dingen, *von denen man [...] nicht sagen kann, sie seien nichts*«, mit den Worten *»wenngleich sie vielleicht nirgendwo außer mir existieren«*. Man möchte ihm unsere Frage stellen: Was bedeutet »existieren« für eine Idee oder eine Zahl, wenn niemand da ist, sie zu denken? Nochmals: Waren 2 plus 2 zur Zeit der Dinosaurier gleich 4?

Die Zahl und der Zählende

Tatsächlich ist dieses Rätsel nicht neu. Lange vor den Entdeckungen der modernen Wissenschaft hat Aristoteles eine bruchstückhafte Intuition von ihm. Einen ersten »Teil« davon präsentiert er. Die heutige Astronomie fügt einen zweiten Teil hinzu und läßt uns die wahre Dimension des Problems erfassen.

Aristoteles fragt nach dem Verhältnis zwischen der Existenz der *Zeit* und der Existenz *einer menschlichen Psyche, die imstande ist, sie zu denken*. Er verknüpft dieses Problem sinnreich mit der Frage nach dem Verhältnis zwischen der Existenz der *Zahl* und der Existenz *eines »Zählenden«, der die Zahl denkt*.

»Man könnte«, schreibt er, »die Existenz der Zeit ohne die Existenz der Psyche bezweifeln. Wenn man nämlich nicht die Existenz des *Zählenden* annimmt, nimmt man auch keine *Zahl* an. Wenn es aber wahr ist, daß in der Natur der Dinge allein die Psyche – oder die der Psyche innewohnende Intelligenz – die Fähigkeit zu zählen besitzt, ist die Existenz der Zeit ohne die der Psyche unmöglich.«[13]

Aristoteles erklärt uns mit wenigen Worten, daß, wenn es keinen *Zählenden* gibt, es keine *Zahl* gibt. Das ist der erste Teil. Was er aber nicht weiß und was wir später erfahren, ist, daß die Evolution der Materie – vom Urknall bis zum Auftreten des menschlichen Gehirns – physikalischen Gesetzen gehorcht, die das menschliche Gehirn durch Zahlen ausdrückt. Der zweite Teil würde somit in dem Zusatz bestehen, daß, wenn es keine *Zahl* gibt, es keinen *Zählenden* gibt. Daher die paradoxe Schlußfolgerung, auf die wir unausweichlich zusteuern: Zahlen sind erforderlich, um einen Zählenden zu erzeugen, und ein Zählender ist erforderlich, um Zahlen zu denken...

Ein teuflisches Karussell

In der Umgangssprache nennt man dies einen »Teufelskreis«. Aber nicht alle Teufelskreise sind gleich. Einige sind teuflischer als andere. Dieser hier schlägt, wie wir bald entdecken werden, alle Rekorde... Er ist nicht nur teuflisch, er ist auch noch boshaft. Gerade wenn wir glauben, ihm endlich entronnen zu sein, hat er die Gabe, uns wieder in seinen Bann zu ziehen...

Bevor wir versuchen, unserem Teufelskreis zu entkommen, möchte ich seine Elemente etwas eingehender darstellen. Das kann man auf unterschiedliche Weise machen. Beispielsweise so, daß man zwei scheinbar harmlose Sätze aneinanderreiht.

Der erste Satz lautet folgendermaßen: *Das menschliche Gehirn ist in die Gesetze »eingeschrieben«*. Das Wort »einschreiben« benutze ich hier in einem recht unbestimmten Sinne. Es soll uns an zwei verschiedene Dinge erinnern:

– Einerseits setzt das *Funktionieren des Gehirns* eine Reihe von physikalisch-chemischen Reaktionen voraus, die im Gehirn ablaufen. Diese Vorgänge beruhen auf den Wechselwirkungen einer sehr großen Zahl von Makromolekülen. Das Verhalten dieser Moleküle unterliegt der elektromagnetischen Kraft und den Gesetzen, die diese Kraft bestimmen;

– andererseits beruht die *Existenz* des menschlichen Gehirns als Produkt der kosmischen Evolution auf dem Auftreten von Phänomenen, die sich über fünfzehn Milliarden Jahre erstrecken. An diesen Phänomenen sind die vier Kräfte der Physik (die starke Kernkraft, die elektromagnetische Kraft, die schwache Kernkraft und die Schwerkraft) und die sie bestimmenden Gesetze beteiligt.

Mit anderen Worten: Das allmähliche Anwachsen der kosmischen Komplexität bis hin zum Auftreten des Denkens kann als eine Aktualisierung der Potentialitäten gesehen werden, welche die Materie *dank der Existenz der Gesetze* bereits im ursprünglichen Magma besaß.

Der zweite Satz lautet dann: *Die Gesetze sind in das menschliche Gehirn eingeschrieben.* Diese Aussage ruft uns wieder die Tatsache in Erinnerung, daß Mathematik und Physik relativ junge Hervorbringungen der Menschen sind.

Zusammengefügt, ergeben diese beiden Sätze einen neuen Ausdruck des Problems der Zahl und des Zählenden. Hier noch knapper: die Gesetze fabrizieren das Gehirn, und das Gehirn fabriziert die Gesetze. Jeder dieser Ausdrücke stürzt uns auf seine Weise in dieses teuflische Karussell, aus dem wir nur mit größter Mühe wieder herauskommen.[14]

Der Zirkel der Erkenntnisse

Der Schweizer Psychologe Jean Piaget hat als einer der ersten die historische Dimension in die Untersuchung des Erwerbs von Erkenntnissen eingeführt. Er hat sofort erkannt, daß die Logik ein Prozeß im Werden ist, daß sie einer Entwicklung unterliegt. Mit anderen Worten, auch im Hinblick auf den Sockel aus reiner Bronze, der für Auguste Comte das Fundament für die Stufenleiter der Wissenschaften darstellte, kann die selbe Frage wie bezüglich der Disziplinen auf der Leiter gestellt werden: Worauf ruht er, und worin besteht sein Fundament?

Die gestellte Frage läßt eine nicht zu umgehende Tatsache sichtbar werden: *Das Problem des Ursprungs der Logik ist ein psychologisches und biologisches Problem.*

»Das Universum«, schreibt Piaget, »ist dem Menschen nur dank der Logik und Mathematik bekannt, von seinem Geist erzeugt, doch wie er Mathematik und Logik konstruiert hat, vermag er nur zu verstehen, indem er sich selbst[15] psychologisch und biologisch, *d.h. unter Berücksichtigung des gesamten Universums*, erforscht.«

Wenn wir diese Argumentation weiterverfolgen, finden wir einen anderen Ausdruck unseres Problems. Die Begriffe werden von einem Gehirn geschaffen, dessen Aktivität wissenschaftlich mit der Physiologie, also mit biochemischen Reaktionen erklärt wird. Nun müssen wir zugeben, daß diese Biochemie auf der Chemie beruht, die ihrerseits auf der Physik beruht, die wiederum auf der Logik und der Mathematik beruht, die Schöpfungen des menschlichen Gehirns sind. *Wir sind ganz einfach wieder im Startkästchen angekommen...*

Dieses Mißgeschick läßt es ratsam erscheinen, das Bild von Auguste Comtes »Stufenleiter der Erkenntnisse« durch das Bild von Piagets »Zirkel der Wissenschaften« zu ersetzen. Piaget macht sich die Kette der aufeinander beruhenden Disziplinen zu eigen – die Psychologie beruht auf der Biochemie, diese beruht auf der Chemie, diese beruht auf der Physik, die auf Mathematik und Logik beruht – und schlägt vor, den Zirkel zu vervollständigen, indem der Ursprung der letzteren Disziplinen mit der Psychologie selbst in Beziehung gesetzt wird.

Die Stufenleiter hat sich – wie eine Schlange, die sich in den Schwanz beißt – auf sich selbst zurückgekrümmt und bildet eine Art geschlossene Kette, in der jede Wissenschaft ein Kettenglied bildet. Bei dieser Drehbewegung hat sich der Bronzesockel der Logik unter unseren Augen in ein Glied der Kette verwandelt.

Diese Metamorphose ist für unsere Diskussion von grundlegender Bedeutung.

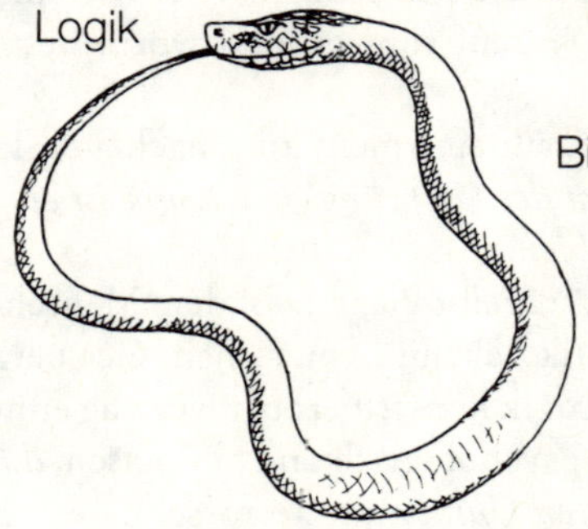

Die Schlange der Wissenschaften, nach Jean Piaget, um 1960.

Die Henne und das Ei

Diese Situation erinnert unweigerlich an das Rätsel von der Henne und dem Ei. Was war zuerst da? Ein Ei kann es nur geben, wenn vorher eine Henne da war; eine Henne kann es nur geben, wenn vorher ein Ei da war. Man sitzt in der Klemme. Man dreht sich im Kreis: Ei, Henne, Ei, Henne usw. Wie kommt man aus diesem Zirkel heraus?

Heute ist dieses Problem gelöst. Machen wir einen Abstecher in den Hühnerstall. Die Lösung des Problems von Henne und Ei könnte uns helfen, unsere Frage anders zu formulieren.

Damit wir das Rätsel von Henne und Ei lösen können, müssen wir noch etwas hinzunehmen: die Zeit. Die Zeit spielt ihre Rolle im Rahmen der Jahrmillionen der biologischen Evolution, subtil, aber entscheidend. Die Richtung wird uns klar angezeigt: Wir müssen bei den Vorfahren suchen.

Verfolgen wir die ununterbrochene Folge von Hennen und Eiern, deren Ende unser heutiger Hühnerhof ist, zu ihrem Ursprung zurück. Mit aufmerksamem Blick können wir bei unserem Geflügel eine fortschreitende Modifikation feststellen. Zunächst unmerklich, werden die Änderungen durchaus fühlbar, ja, sie springen ins Auge, wenn wir uns auf dem Marsch in die Vergangenheit mehrere hundert Millionen Jahre zurückbegeben. Aus den Vögeln werden Reptilien, dann Amphibien, dann Fische.

Doch die Reptilien, Amphibien und Fische legen Eier, aus denen wiederum Reptilien, Amphibien und Fische werden. Was unser Rätsel angeht, hat sich nichts geändert. Dennoch sind wir der Antwort ganz nah.

Die Existenz des Eis hängt mit der sexuellen Fortpflanzung zusammen. In ihm legen die beiden Partner ihre Gene ab. Es erhebt sich die Frage: Wann ist die sexuelle Fortpflanzung in der Tierwelt aufgetreten?

In *Microcosmos* von Margulis und Sagan[16] habe ich eine Fülle faszinierender Informationen über die Sexualität der Einzeller gefunden. Die ersten lebenden Zellen vermehren sich durch Teilung, ohne sexuelle Paarung, ohne Eier zu legen. Erst später erfinden komplexere Zellen die sexuelle Fortpflanzung. Zwei Partner legen ihre Gene in einen gemeinsamen Korb ab. Dieser Korb ist das Ei.

Wir wissen zwar nicht genau, wie die Sexualität entstanden ist, doch irgendwann hat ein ferner Vorfahr der Henne den Mechanismus der sexuellen Paarung entwickelt. Er ist es, der uns aus dem Teufelskreis herausholt. Dieser Vorfahr, der weder Henne noch Ei ist, bringt nach Jahrmillionen das Ei *und* die Henne hervor.

Unser Problem ist gelöst: Das Erste ist nicht das Ei und auch nicht die Henne, sondern dieser gemeinsame Vorfahr, der weder Ei noch Henne war. Wir begreifen, *wie* wir aus dem Teufelskreis herausgekommen sind. Indem wir erkannten, daß es in Wahrheit nicht ein Kreis war. Die Hennen der Vergangenheit sind den Hennen von heute ähnlich, aber nicht mit ihnen *identisch*. Je weiter wir in die Vergangenheit zurückgehen, desto auffälliger werden die anfangs verschwindend geringen Unterschiede, bis sie uns schließlich den Schlüssel zu unserem Rätsel liefern.

Wir haben ein Problem, das unlösbar erschien, gelöst, indem wir auf den historischen Rahmen der Evolution zurückgriffen. Dieser Erfolg legt uns eine bestimmte Methode nahe. Wenn wir denselben Schlüssel auf das Problem der Zahl und des Zählenden anwenden, werden wir einige Fragen stellen müssen. Welches ist der gemeinsame Vorfahr, der gemeinschaftliche Keim der Zahl und des Zählenden? In welcher Weise differenzieren sie sich im Laufe der Zeit? Wie verläuft ihre parallele Evolution, bis sie ihre heutige Form annehmen?

Welche Form nimmt die Zahl an, wenn der Zählende nicht existiert? Vergessen wir nicht, daß die Zahl in dieser primitiven Form, wie auch immer sie beschaffen sei, seit den frühesten Zeiten des Universums »wirksam« ist. Zweihundert Millionen Jahre lang kreiste die Erde, von analphabetischen Dinosauriern bevölkert, unbeirrbar um die Sonne. Blindlings gehorchte sie dem »etwas«, das später zu den Gesetzen Newtons werden sollte.

Die Einsichten, die wir auf dem Hühnerhof gewonnen haben, legen uns nahe, die Beziehungen zwischen Denken und Kosmos historisch zu verstehen. Versuchen wir, ihre Chronologie zu umreißen. Das Auftreten der Objekte, die von den verschiedenen Wissenschaften untersucht werden, läßt sich datieren. So ergibt sich das folgende Bild.

Vor fünfzehn Milliarden Jahren stellte sich das Universum ganz anders dar als heute. Der damalige Zustand der Materie kann mit einem undifferenzierten Brei von Elementarteilchen verglichen werden. Um diese Urmaterie und die in ihr wirksamen Kräfte zu studieren, bedienen wir uns der herkömmlichen Methoden der PHYSIK.

In diesem Urbrei gibt es weder Atome noch Moleküle. Eine Million Jahre später erscheint der Wasserstoff. Die Molekularchemie muß warten, bis sich die ersten schweren Atome gebildet haben. Zur Herstellung dieser Atome müssen zunächst Sterne gebildet werden. Dann muß man warten, bis diese Sterne ihre Existenz beenden. Bei ihrem Tod schleudern sie die Sammlung schwerer Kerne, die in ihrem glühenden Inneren erzeugt wurden, in den Weltraum. Aus diesen Kernen bilden sich dann die ersten schweren Atome und aus deren Zusammenschluß die ersten komplexen Moleküle. Vorsichtig geschätzt, müssen MEHRERE HUNDERT MILLIONEN JAHRE vergehen, bevor die kosmische CHEMIE in eine aktive Phase tritt.

Die festen Planeten sind sehr viel jüngeren Datums. Zunächst müssen in hinreichender Menge die Bestandteile ihrer felsigen Sockel hergestellt werden: Sauerstoff, Silizium, Eisen, Magnesium. Das erfordert die Aktivität von zahlreichen Generationen von Sternen und dauert MEHRERE MILLIARDEN JAHRE. Solche Planetensockel erscheinen unerläßlich für die Entwicklung von Leben. Ebenso unerläßlich erscheint das Vorhandensein von Wasser für die präbiotischen Experimente, die Objekte der BIOCHEMIE.

Was die Lebewesen, die Objekte der BIOLOGIE, angeht, beschränken sich unsere Beobachtungen auf unseren Planeten. Die ältesten Fossilien, die wir hier finden, sind drei Milliarden fünfhundert Millionen Jahre alt. Zu jener Zeit zählt das Universum schon MINDESTENS ZEHN MILLIARDEN JAHRE.

Von den ersten vielzelligen Organismen (marine Würmer, Quallen) sind nur Spuren bekannt, die mehr als eine Milliarde Jahre alt sind. Im Laufe der geologischen Zeitalter vollzieht sich eine Evolution, und die Tiere werden komplexer. Das Nervensystem entwickelt sich. Die Befehle werden in einem Gehirn zentralisiert. Zunächst nur rudimentär, dann immer komplizierter, verarbeitet dieses Organ die Informationen aus der Außenwelt. Es organisiert sie und setzt sie zu Bildern zusammen, aus denen es sich eine Repräsentation der es umgebenden Welt zu schaffen versucht.

Das menschliche Gehirn, VOR WENIGER ALS DREI MILLIONEN JAHREN erschienen, geht in diesem Bemühen einer inneren Repräsentation der Außenwelt noch weiter. Es wird zum Untersuchungsobjekt der PSYCHOLOGIE. Diese Disziplin sucht zu verstehen, auf welche Weise das Gehirn die Begriffe und Zahlen erfindet, die ihm unter anderem dazu dienen, das Verhalten der Elementarteilchen der Ursuppe zu studieren, die Objekte der PHYSIK sind.

Wir sind also mit einem Schlage wieder um FÜNFZEHN MILLIARDEN JAHRE ZURÜCKVERSETZT. Erneut ergibt sich das Bild eines Kreises, den man endlos durchlaufen kann, oder einer Schlange, die sich in den Schwanz beißt. Die historische Betrachtung hat uns also gerade wieder in unseren Zirkel zurückgestoßen...

Der Zirkel der Erkenntnisse ist unendlich viel teuflischer als der von Henne und Ei. Seine Lieblingsbosheit besteht darin, uns falsche Auswege vorzutäuschen, die uns, wenn wir gerade glauben, heraus zu sein, unversehens wieder in seinen Schoß zurückführen.

Die Infragestellung

Es wird erzählt, im 12. Jahrhundert hätten drei Brüder gelebt, die Prinzen von Serendip. Sie sollen es verstanden haben, die widrigsten Umstände zu ihrem Vorteil zu wenden. Die Engländer bezeichnen die Kunst, aus Problemen, auf die man stößt, einen Nutzen zu ziehen, mit dem aus dieser Geschichte abgeleiteten Wort *serendipity*. Wir wollen versuchen, dem Beispiel der Prinzen zu folgen. Wir werden bald feststellen, daß die Schwierigkeiten, in denen wir stecken, uns in der Tat Hinweise liefern können. Sie werden unserer Suche eine oder mehr als eine neue Richtung geben. Doch werfen wir zuvor einen kurzen Blick auf die zurückgelegte Wegstrecke.

Mit welchem Recht, so fragten wir, können die Logik und die Zahlen beanspruchen, die Realität erschöpfend darzustellen? Auf welcher Grundlage können sie behaupten, dort, wo sie gewesen sind, gebe es nichts mehr zu sagen, und damit die Aussagen der Poesie zu einer endlich enthüllten Nichtigkeit verdammen?

Die Stufenleiter Auguste Comtes konnte diesen Anspruch noch verbürgen, als die Logik sich als die Grundlage und der äußerste Bezugspunkt aller Erkenntnisse darstellte. Auf unserem Spaziergang haben wir einem sehr bedeutsamen Schauspiel beigewohnt. Die Stufenleiter der Wissenschaften hat sich in eine »Schlange der Erkenntnisse« verwandelt. Kann dieses Schauspiel uns Aufklärung verschaffen? Was hat es mit dem Problem von Wissenschaft und Poesie zu tun?

Diese Verwandlung stellt einen weiteren Anschlag auf den Hegemonialanspruch der Wissenschaftssprache dar. Die Schlange der Erkenntnisse widerlegt den »fundamentalen« Charakter der Logik und der pythagoreischen Ideen. Diese Ideen haben ihrerseits einen Ursprung, der Gegenstand der anderen Wissenschaften ist.

Der Zirkel der Wissenschaften macht uns die Grenzen des wissenschaftlichen Ansatzes deutlich. Mögen die Disziplinen innerhalb dieser Grenzen auch noch so erfolgreich sein – sie stützen sich dennoch gegenseitig. Sie funktionieren nur in dieser »Abgeschirmtheit«. Wie können sie da behaupten, die Realität zu erschöpfen und jede andere Art der Weltbetrachtung hinfällig zu machen?

3.
Konstruieren

Die Geschichte des Reiches der Zahlen zeigt uns eindeutig, daß die Logik nichts Endgültiges und Unveränderliches ist, wie jene »Träume aus Stein«, die Baudelaire so liebte. Bertrand Russell hat uns von seinen inneren Schwierigkeiten und seiner verzweifelten Suche nach Kohärenz berichtet. Man muß sie als einen Prozeß im Werden sehen, der stets vervollkommnet und immer wieder in Frage gestellt werden kann. Wie das Universum ist auch die Logik in ständiger Evolution.

»Wie kommen die Zahlen zu den Menschen?« Die quälende Frage läßt uns nicht los und nimmt mit jeder Wegstrecke neue Konnotationen an. Was wird aus ihr, wenn wir die fundamentale Einsicht berücksichtigen, daß *die Zahl und der Zählende der Evolution unterliegen*?

Jean Piaget schlägt das Wort »konstruieren« vor. In ihm sind sowohl »entdecken« als auch »erfinden« enthalten, aber es geht darüber hinaus. Es impliziert Elemente der Konstruktion, deren Identifikation unser Ziel in diesem dritten Kapitel sein wird. Um es gleich zu verraten: wir werden es nicht erreichen. Aber dieses Scheitern wird uns auf eine neue Spur bringen, die reicher und vielversprechender ist.

Der Gedanke der »Konstruktion« ist eigentlich nicht neu. Kant kritisiert schon Ende des 18. Jahrhunderts die Kartesianische Idee, nach der wir die Mathematik in unserem Gedächtnis »entdecken«. Er betont die aktive Rolle des menschlichen Gehirns bei der Erarbeitung des Wissens. Das Gehirn »konstruiert«, aber woraus?

Kant beantwortet diese Frage mit einer autoritären Behauptung. Es gebe, sagt er, »Gegebenheiten *a priori*« wie die *Zeit* und den *Raum* sowie »Kategorien« des Verstandes wie die *Kausalität*. Mit Hilfe dieser vor dem Denken existierenden Gegebenheiten werden die Sinneswahrnehmungen organisiert. So soll die wissenschaftliche Erkenntnis entstanden sein.

Wir kommen wieder auf unsere früheren Fragen zurück. Existieren die *Zeit*, der *Raum* und die *Kausalität*, wenn es kein Gehirn gibt, das sie denkt? Kant – man muß es sagen – verschiebt das Problem nur. Obendrein stellen die Entwicklungen der modernen Physik ernstlich die Vorstellung in Frage, die Zeit und der Raum könnten »Gegebenheiten *a priori*«[17] sein.

Greifen wir eine noch ältere Frage wieder auf: Wo und wann hat das logische Denken begonnen? Welches ist seine Geschichte? Was wissen wir über seine Entwicklung sowohl auf der Ebene der biologischen Evolution als auch auf der Ebene des Individuums? Wann wurden im Rahmen der Weltgeschichte die ersten logischen Gedanken formuliert?

Mit dem Ursprung der Logik befassen sich mehrere wissenschaftliche Disziplinen unter verschiedenen Gesichtspunkten. Die *Verhaltensforscher* untersuchen Äußerungen der Intelligenz bei Tieren. Die *Anthropologen* versuchen das Verhalten der primitiven menschlichen Psyche zu rekonstruieren. Die *Psychologen* interessieren sich für die Entwicklung des Denkens bei den Kindern. Die *Neurophysiologen* versuchen zu begreifen, was im arbeitenden Gehirn vor sich geht.

Im folgenden werden wir Fragen an diese Forscher richten. Wir werden von ihnen erfahren, daß eine rudimentäre Form der Logik weit älter ist, als man bislang glauben wollte. Sie werden uns bestätigen, daß der Primitive wie das Kind die Logik »konstruieren«, und zwar aus vorhandenen Elementen, die wir nicht recht zu fassen vermögen.

Wir werden erleben, wie manche Forscher versucht sind, diese Elemente mit der molekularen Struktur des Gehirns gleichzusetzen. Wir werden bei näherem Hinsehen rasch bemerken, daß hinter dieser Gleichsetzung eine Falle lauert, die uns wieder in den Teufelskreis der Erkenntnisse stürzt. Wir werden unsere Suche fortsetzen müssen.

Können die Vögel zählen?

Für den, der die menschliche Psyche ergründen will, ist nichts lehrreicher als die Ergebnisse der Verhaltensforschung. Wenn man das Leben der Tiere studiert, gelangt man zu ganz erstaunlichen Entdeckungen, die in hohem Maße auch auf uns zutreffen. Man stößt dort in mehr oder weniger rudimentärer Form auf unsere menschlichen Handlungs- und Verhaltensweisen – und auf unsere Schwächen...

Haben wir wirklich die Kunst erfunden, mit Zahlen zu hantieren? Wer hat als erster auf unserem Planeten mathematische Operationen durchzuführen verstanden? Es hat ganz den Anschein, daß einige kleine »Spatzengehirne« uns darin weit voraus waren.

Wenn Raben in eine Kornscheuer eindringen wollen, vergewissern sie sich zunächst, daß niemand drinnen ist. Gehen drei Personen – *auf einmal oder nacheinander* – hinein, wartet der Vogel draußen ab, bis alle drei – *auf einmal oder nacheinander* – wieder herauskommen. Dasselbe kann man mit vier oder fünf Personen wiederholen, und es funktioniert immer noch. Manche Raben, die »gut in Mathe« sind, schaffen es bis sechs.

Kann man sagen, daß sie bis sechs »zählen« können? Bei einem Kind würde man das sicher sagen, wenn es diese Leistung vollbrächte. Fachleute tun diese Behauptung als »Vereinfachung« ab. Dennoch muß man zugeben, daß die Zahlen den Vögeln nicht fremd sind. Sie wissen mit ihnen zu arbeiten. Aber welche embryonalen Formen nehmen sie in ihren Gehirnen an? Welches ist – wie im Falle von Henne und Ei – der Vorfahr, der sich so weit entwickelt hat, bis sie, die Zahl, in unserem Kopf die Form einer Ziffer annahm? Welches sind die Antriebskräfte dieser Evolution der Konzepte?[18]

Diese und viele weitere Erfahrungen zeigen uns, daß »Embryonen« von Zahlen und logischen Operationen schon bei unseren tierischen Vorfahren vorkommen. Sie sind Bestandteil eines Erbes, das über ganze Epochen hinweg weitergegeben wurde.

Aus diesen embryonalen Elementen haben sich unser Denken und unsere Logik entwickelt. Wir haben die Mathematik weder erfunden noch entdeckt. Wir haben sie aus »primitiven Gegebenheiten« schlüpfen lassen, die wir von unserer animalischen Ahnenreihe empfangen haben.

Die »leeren Felder«

Wann und in welcher Weise ist die Logik beim prähistorischen Menschen aufgetaucht? Welche Denkweise besaß zum Beispiel der Maler von Lascaux? Wie sahen seine logischen Folgerungen aus? Wir machen uns hier den Umstand zunutze, daß es heute noch Gemeinschaften gibt, deren Lebensweise der des Cro-Magnon-Menschen ähnelt. Dürfen wir annehmen, daß sich in analogen Verhaltensweisen eine analoge mentale Haltung spiegelt? Daß der Geist des australischen Ureinwohners wie der unserer fernen Vorfahren funktioniert? Daß das, was man gemeinhin als »primitive Mentalität« der Menschen bezeichnet, uns Aufschluß über unsere Vergangenheit geben kann? Bis zu einem gewissen Grade zweifellos. Aber bis wohin genau?

Die Lebens- und Verhaltensweisen von Stammesvölkern, die verstreut auf unserem Planeten leben, sind von den Anthropologen reichlich dokumentiert worden. Ein Laie findet sich kaum darin zurecht. Ich habe mich besonders mit dem monumentalen Werk von Claude Lévi-Strauss befaßt. Er scheut sich nicht, hin und wieder persönliche Urteile abzugeben, die für den Nichteingeweihten sehr hilfreich sind.

Lévi-Strauss' fundamentaler Beitrag besteht nach meiner Ansicht in der Intuition, daß einfache und vertraute Elemente der menschlichen Realität wie die Ernährungsweise oder Verwandtschaftsbeziehungen uns einen direkten Einblick in die psychischen Vorgänge erlauben.

Er zieht Vergleiche zwischen verschiedenen Stämmen und entdeckt aufschlußreiche Analogien. Verwandtschaftliche Bindungen, Dominanzbeziehungen und Inzesttabus findet man überall auf unserem Planeten. Es sind allgemeingültige Merkmale, angereichert mit lokalen Besonderheiten. Gleiches gilt für Märchen und Legenden, die durch mündliche Überlieferung bewahrt werden. Die Erzählungen weisen, auch wenn jeder Stamm eine Vielzahl von eigenen Elementen einbringt, hinsichtlich ihrer Struktur und ihrer Themen überraschende Ähnlichkeiten auf.

Dem naheliegenden Einwand: »Aber die Menschen verkehren doch miteinander und erzählen sich ihre Geschichten« hält Lévi-Strauss treffend entgegen, daß es nicht darauf ankommt, ob diese Stämme ihre einander ähnlichen Legenden erfunden oder lediglich voneinander entlehnt haben. Entscheidend ist, daß diese Legenden bewahrt werden und in die jeweilige Überlieferung aufgenommen werden. Das Überdauern der Hauptthemen der Legenden beweist, daß sie in den Tiefenschichten des menschlichen Geistes verankert sind.

Nach Ansicht von Lévi-Strauss beweisen diese Analogien, daß es universelle, fundamentale Strukturen des menschlichen Geistes gibt. Ein »strukturelles Unbewußtes« beeinflußt und prägt das Funktionieren der menschlichen Psyche.[19] Sie enthält von vornherein »leere Felder«, in welche die Verhaltensformen sich einfügen und einpassen.

Wir halten von diesen Überlegungen die Idee fest, daß dem logischen Denken *etwas vorhergeht*. Ein universales Erbe, das von allen Generationen geteilt und von einer zur nächsten weitergegeben wird.

Was sagt Lévi-Strauss nun über diese »leeren Felder«, die in der Entwicklung der menschlichen Psyche eine so wichtige Rolle zu spielen scheinen? Alles in allem recht wenig. In *Der nackte Mensch*[20] verknüpft er sie mit dem »dunklen Drang, der im Laufe von Jahrmillionen auf verschlungenen, komplizierten Wegen dafür gesorgt hat, daß die Orchideen dank transparenter Fenster, die das Licht durchließen, bestäubt wurden«.

Wie die Kinder zählen lernen

Während uns der historische Ursprung der menschlichen Logik in Ermangelung von Dokumenten weitgehend verschlossen bleibt, haben wir zu einem anderen Forschungsgegenstand leichter Zugang: der psychologischen Entwicklung der Kinder. Wie finden die Kleinen in die Welt der logischen Operationen hinein?

Zu diesem Thema habe ich mich auf die Werke von Jean Piaget gestützt. Zusammen mit seinen Mitarbeiterinnen und Mitarbeitern hat Piaget sehr viele Kinder im Vorschulalter beobachtet und befragt. Mit Hilfe raffinierter Tests hat er ihre mentale Entwicklung vom frühesten Alter bis zum Schulanfang verfolgt.

Man zeigt einem Kleinkind zwei unterschiedlich geformte Gläser. Das eine, schlank wie ein Sektkelch, ist randvoll mit Wasser gefüllt. Das andere, breit und kurz, ist leer. Vor den Augen des Kindes wird das Wasser aus dem einen in das andere gegossen. Es ist dann ebenfalls bis zum Rand gefüllt. Nun wird das Kind gefragt: »In welchem Glas ist mehr Wasser?«

Ein ganz Kleines kann die Frage nicht richtig beantworten. Es ist durch den Formunterschied verwirrt, der es an der Lösung hindert. Eines schönen Tages ist es dann soweit, ganz einfach. Ohne zu zögern sagt das Kind: »In beiden gleich viel.« Intuitiv hat es verstanden und kann es möglicherweise nicht einmal ausdrücken: *Die Form spielt keine Rolle.*

Der ganze Inhalt des ersten Glases ist jetzt im zweiten. Beim Umfüllen bleibt die Wassermenge erhalten. Diese Erhaltung in Verbindung mit der Tatsache, daß die beiden Gläser eins nach dem anderen exakt bis zum Rand gefüllt werden, legt die Antwort nahe.

Der Begriff der Erhaltung gehört zu den Schlüsselbegriffen der modernen Physik. Er wird erfolgreich auf eine Vielzahl unterschiedlicher »Substanzen« angewandt. Er bestimmt das Verhalten der Energie, der Bewegungsgrößen, der elektrischen Ladung und anderer, mit den verschiedenen Naturkräften verbundener Ladungen.

Ein bemerkenswertes Phänomen bei diesen pädagogischen Experimenten ist die mit der Entdeckung meist einhergehende »schlagartige Erkenntnis«. Plötzlich ist die richtige Antwort da, und oft ist sie begleitet von einem intensiven Gefühl der Freude. Was eben noch wie ein unüberwindliches Problem erschien (wie lassen sich verschiedene Formen miteinander vergleichen?), ist auf einmal eine »offenkundige Tatsache« (die Formen spielen keine Rolle). Blitzartig ist die neue Gegebenheit verstanden und für immer zu einer gesicherten Einsicht geworden, die nie wieder in Frage gestellt wird.[21]

Piaget und zahlreiche Psychologen nach ihm haben den Akzent auf die »Außenwelt« gelegt, die hier durch die Wassergläser repräsentiert wird. Die Logik geht hervor aus einer Wechselwirkung zwischen dem menschlichen Intellekt auf der einen und der durch die Sinne wahrgenommenen Realität auf der anderen Seite. Abgeschnitten von der Welt, ohne Kontakt mit Menschen und Dingen, kann ein Kind sich nicht entwickeln. Mehr noch: Man weiß heute, daß affektive Faktoren in der Pädagogik von entscheidender Bedeutung sind. Ein guter Lehrer ist derjenige, der durch ein Band der Sympathie das Vertrauen des Kindes gewinnt.

Von alldem scheint Descartes nichts zu wissen. Ihm kommt es so vor, sagt er, »als ob ich [...] zum erstenmal *auf das achtete, was längst in mir war,* aber ohne daß ich schon früher mein Augenmerk darauf gerichtet hätte«. Piaget würde ihm mit Recht antworten, daß er ohne die lange positive Beziehung, die er seit seiner Kindheit zur Außenwelt hatte, nie imstande sein würde, »auf etwas aufmerksam zu werden, das längst in ihm war«.

Die »Grenzpunkte«

Was sagt uns das alles über den Ursprung der Logik? Jean-Claude Bringuier hat Gespräche mit Piaget in einem Buch veröffentlicht,[22] dem ich die folgende Äußerung entnehme, die ganz auf der Linie unserer Untersuchung liegt (die Hinzufügungen in Klammern und die Hervorhebungen sind von mir):

»Ich denke, daß alle Strukturen (alle mentalen Strukturen, also die Begriffe und die Elemente logischer Operationen) *konstruiert werden* und daß der Ablauf der Konstruktion die entscheidende Tatsache ist. Anfangs ist nichts gegeben außer *einigen Grenzpunkten*, auf denen alles übrige beruht. Doch die Strukturen sind nicht von vornherein gegeben, weder im menschlichen Geist noch in der Außenwelt, so wie wir sie wahrnehmen und organisieren. Sie werden durch eine Wechselwirkung zwischen den *Aktivitäten des Subjekts* und den *Reaktionen des Objekts* konstruiert.«

Wir stoßen hier wieder auf das Wort »konstruieren«. Ein Wort, das sowohl mit *»entdecken«* zu tun hat (man konstruiert aus etwas bereits

Vorhandenem) als auch mit »erfinden« (die Konstruktion als solche war ja nicht vorhanden). Piaget läßt uns zu einer neuen Grenze vorstoßen, die klar festgelegt ist durch die hermetische Aussage: Anfangs ist *nichts* gegeben außer *einigen Grenzpunkten*, auf denen alles übrige beruht. Das Neue gegenüber Kant ist, daß unsere Unwissenheit eingestanden wird, was *dieses Etwas* angeht, aus dem das Gehirn konstruiert. Die Worte »einige Grenzpunkte« werfen, ebenso wie die Worte »leere Felder« und »dunkler Drang« von Lévi-Strauss, mehr Fragen auf, als sie beantworten...

Die »Maschinerie« des Gehirns

An anderer Stelle deutet Piaget an, was er über »diese Grenzpunkte« denkt. Er hofft, die Erforschung der Biochemie des Gehirns werde diese Grenzpunkte mit molekularen Phänomenen verknüpfen können.

Ähnliche Ansichten findet man bei verschiedenen Psychologen und Kunstkritikern. Freud spricht in seiner Abhandlung »Eine Kindheitserinnerung Leonardo da Vincis« von der Möglichkeit, daß »präexistierende Strukturen der Psyche« organischen Ursprungs sein könnten. Der Pädagoge Arno Stern beobachtet Ähnlichkeiten zwischen Kinderzeichnungen aus Neu-Guinea und aus westlichen Ländern und vermutet die Erklärung in einem »organischen Gedächtnis« der Formen.[23]

Wir wissen es intuitiv, und die wissenschaftliche Forschung bestätigt es uns, daß alles sich im Gehirn abspielt. In sein knöchernes Gehäuse eingefügt, ist dieses Organ der Sitz unserer Gefühle und Gedanken. Welche Beziehung besteht zwischen dem abstrakten Denken und dem neuronalen Geschehen in dem undurchsichtigen Raum zwischen unseren Ohren?

Fragen wir die Forscher, die mit einem ganzen Arsenal verschiedener Instrumente die Funktionsweise des Gehirns zu klären versucht haben.[24] In den letzten Jahren sind auf diesem Gebiet große Fortschritte gemacht worden.[25] Gemäß unserer guten Übung werden wir uns anschließend fragen, was diese neuen Erkenntnisse für uns zu bedeuten haben. Inwiefern können die Ergebnisse uns weiterhelfen?

Das Gehirn ist oft mit einem riesigen Elektronenrechner verglichen worden. Dies ist bestenfalls ein kläglicher Vergleich, der ganz unserem geringen Vorstellungsvermögen entspricht. Dennoch behalten wir ihn bei, wegen seines pädagogischen Nutzens, ohne aber seine Grenzen aus den Augen zu verlieren.

Das Gehirn besteht aus Hunderten Milliarden von Zellen, sogenannten Neuronen. Jedes Neuron ist über eine Reihe von Verbindungen mit einer Vielzahl anderer Neuronen verknüpft. Die Zahl der möglichen Verknüpfungen in einem menschlichen Gehirn übersteigt bei weitem die Zahl aller Atome im Universum. Das Ganze erinnert in der Tat an die dichtgedrängte Verkabelung elektronischer Computerschaltungen.

Die Aktivität des Gehirns äußert sich in einem gewaltigen Geprassel neuronaler Entladungen, die sich als Impulse über die Verbindungsbahnen fortsetzen und einen Schwarm von spezifischen Molekülen freisetzen, die Signale weitergeben, deren Wirkungen wiederum andere Neuronen anregen. Wir merken uns vor allem, daß es um elektrische Phänomene (die Impulse, die von den Neuronen bei der Entladung ausgesandt werden) und chemische Reaktionen geht (über die ein Signal auf dem Weg zu einem anderen Neuron laufen muß).[26]

Mentale Bilder und neuronale Entladungen

Welche Beziehung besteht nun zwischen diesen unzähligen Entladungen und der Durchführung einer logischen Operation?

Wir sind natürlich noch weit davon entfernt, diese Frage beantworten zu können. Dennoch sind in dieser Richtung bemerkenswerte Fortschritte gemacht worden. Die Operationen basieren auf Begriffen, die Begriffe werden aus Bildern aufgebaut, und die Bilder gehen auf Sinneswahrnehmungen zurück. Huber und Wiesel, zwei amerikanische Forscher, haben zwischen der Wahrnehmung von Bildern und dem Verhalten einzelner Neuronen einen Zusammenhang festgestellt. Das ist bereits ein großer Schritt in der gewünschten Richtung.

Durch die Untersuchung der optischen Wahrnehmung von Katzen haben diese Forscher gezeigt, daß die einzelnen Bestandteile eines Bildes von verschiedenen Neuronengruppen wahrgenommen werden. Bestimmte Gruppen entladen sich, wenn im Gesichtsfeld eine waagerechte Linie vorkommt, andere Gruppen reagieren nur auf senkrechte Linien, wieder andere lediglich auf schräge Linien.

Bestimmte Neuronen reagieren nicht, wenn das Bild statisch ist; sie reagieren nur auf Bewegungen. Einige sind empfindlich für schnelle, andere nur für langsame Veränderungen. Anderen Neuronengruppen sind die Bewegungsrichtungen – von unten nach oben oder von links nach rechts – zugeordnet.

Alles deutet darauf hin, daß das Gesichtsfeld durch das Auge *analysiert* wird. Es wird in einzelne Elemente – Linien, Farben, Bewegungen – zerlegt. Von verschiedenen Neuronengruppen wahrgenommen, werden diese Elemente dann – ähnlich wie die Buchstaben des Alphabets bei der Konstituierung eines Textes – in der Großhirnrinde wieder zusammengesetzt.

Moleküle und Gedächtnis

Die so entstehenden Bilder werden im Gedächtnis gespeichert oder dem Assoziationshirn zur Verfügung gestellt.

Wie sind diese Bilder gespeichert? Was passiert in Ihrem Hirnschädel, wenn Sie auf Anfrage Ihre Telefonnummer oder den Namen der polnischen Hauptstadt nennen?

Mehrere Forscher haben sich mit diesem Phänomen befaßt. Erste Hypothese: Die Informationen sind an spezifische Moleküle gebunden. Die Bibliothek unserer Erinnerungen bestünde danach aus einer großen Zahl atomarer Strukturen, die, entsprechend etikettiert, auf Abruf bereitliegen, vergleichbar mit der Suche nach einem Dokument in den Regalen. Diese Idee, die vor einigen Jahren viele Anhänger hatte, ist vielfach getestet worden, durchweg mit negativem Resultat. Die meisten Forscher halten nicht mehr an ihr fest, zumindest nicht an ihrer naivsten Form.

Es sind andere Formen der Informationsspeicherung vorgeschlagen worden. So sollen die Verbindungen zwischen den Neuronen für die Erinnerung eine Rolle spielen.[27] Das Problem ist insgesamt nach wie vor ungeklärt.

Der Geist der Moleküle und die Moleküle des Geistes

Die Pharmakologie der Geisteskrankheiten erlaubt es uns, weitere Beziehungen zwischen der psychischen Aktivität und den Molekülen festzustellen. So soll das Auftreten der Schizophrenie mit einem Überschuß eines bestimmten Moleküls, des *Dopamins*, zusammenhängen. Eine Linderung der Symptome erreicht man durch die Injektion von Substanzen, die die Wirkung des Dopamins neutralisieren. Die vorzeitige Senilität (Alzheimersche Krankheit) soll auf einem Mangel an *Acetylcholin* beruhen.

Die Wahrnehmung von Bildern, ihre Speicherung im Gedächtnis und bestimmte Aspekte der geistigen Aktivität lassen sich also zu elektrischen und chemischen Phänomenen innerhalb des Hirnschädels in Beziehung setzen. Diese Entdeckungen der Neurophysiologie gehen in die Richtung dessen, was Piaget vorausgeahnt hat: die Erforschung der Biochemie des Gehirns könnte die berühmten *Grenzpunkte* mit molekularen Phänomenen verknüpfen.

Diese spektakulären Fortschritte haben die Idee entstehen lassen, daß das Geheimnis und die letzte Erklärung aller menschlichen Verhaltensweisen – einschließlich der Entstehung des Denkens, der Sprache, der künstlerischen Aktivität und der metaphysischen Ängste – in den Molekülen liege. Die Moleküle würden letztlich die Mechanik des Bewußtseins darstellen, die Substanz der »Grenzpunkte« Piagets und der »leeren Felder« von Lévi-Strauss[28]. In Frankreich hat sich Jean-

Pierre Changeux zum Herold dieser molekularen Sicht der Realität gemacht. »Der Mensch ist auf den Geist nicht angewiesen«, erklärt er triumphierend in seinem Buch *Der neuronale Mensch*[29].

Eine molekulare Mythologie

Vom Zirkel der Erkenntnisse wissen wir, daß eine solche Ideologie unzureichend ist. Weit davon entfernt, uns aus dem Teufelskreis herauszuholen, stößt sie uns erst richtig hinein. Will man nämlich die Zahlen, die Gesetze und das Denken mit den Molekülen erklären, so kommt man nicht umhin, die physikalische Chemie der Moleküle mit Hilfe von Zahlen, Gesetzen und damit des Denkens zu formulieren. Man ist sofort wieder bei dem Problem der Existenz der Gesetze und ihres Verhältnisses zum menschlichen Denken. *Wenn der Geist von den Molekülen kommt, dann kommen die Moleküle vom Geist.* Man würde Changeux entgegnen, daß er ohne den »Geist«, den er ablehnt, nicht imstande wäre, die »Moleküle« zu benennen, auf die er sich beruft. Ebensowenig könnte er seine Behauptung formulieren: »Der Mensch ist auf den Geist nicht angewiesen.«

Die jüngsten wissenschaftlichen Entdeckungen haben also in einer spektakulären Abwendung von der *pythagoreischen Mythologie* eine *molekulare Mythologie* entstehen lassen.[30] Beide Mythologien sind, jede auf ihre Weise, Selbsttäuschungen, beide gehen den Weg des geringsten Widerstandes.[31] Wer den Ursprung unserer Fähigkeit, die Welt zu begreifen, ergründen will, muß diese beiden Versuchungen meiden. Wir müssen wie Odysseus versuchen, zwischen der Charybdis der »angeborenen Ideen« und der Scylla der »alles erklärenden Moleküle« hindurchzusteuern.

Bevor wir diesen Abschnitt über die Maschinerie des Gehirns beschließen, muß noch eine besonders wichtige Entdeckung erwähnt werden, die noch längst nicht in all ihren Implikationen erforscht ist. Unser Gehirn gliedert sich in zwei deutlich getrennte, in etwa mit der linken und rechten Hälfte identische Bereiche, denen unterschiedliche geistige Operationen zugeordnet sind. Grob gesagt, ist die linke Hälfte diejenige, die analysiert, während die rechte synthetisiert. Links werden die Wörter, Begriffe und Ideen bearbeitet, während rechts Synthese und ganzheitliche Prozesse ablaufen.

Für uns ist in diesem Zusammenhang wichtig, daß es in unserem Gehirn *mehrere Formen* der Repräsentation der Welt gibt. Unser Wissen ist weder auf die Summe der Dinge, die wir wissen, noch auf die Gesamtheit der Gedanken, die wir formulieren können, beschränkt, und es kann weder auf das eine noch auf das andere reduziert werden. Durch diese Entdeckung wird die Vorherrschaft der pythagoreischen Ideen nochmals in Frage gestellt.

Wo stehen wir jetzt?

Bevor wir neue Wege beschreiten, sollten wir innehalten und einen kurzen Blick auf den in den drei ersten Kapiteln zurückgelegten Weg werfen.

Wir sind von der Frage ausgegangen: Treibt die wissenschaftliche Erkenntnis der Welt die Poesie hinaus? Ist das wunderschöne Naturschauspiel nichts anderes als ein Abspulen der Lösungen für die mathematischen Gleichungen der Physik? Kann man noch vom Anblick des Meeres entzückt sein, das im Licht der untergehenden Sonne glüht, wenn man die Theorie von Maxwell kennt?

Um die Berechtigung der Ansprüche, die von einem bestimmten wissenschaftlichen Diskurs ausgehen, in Frage zu stellen, haben wir uns der Zeit vor zweieinhalbtausend Jahren zugewandt, als an den Gestaden des Ionischen Meeres die wissenschaftliche Betrachtungsweise geboren wurde.

Aus der Entdeckung, daß die Mathematik in der Natur eine wichtige Rolle spielt, ging das hervor, was wir als *pythagoreische Mythologie* bezeichnet haben. Die Zahlen sind die höchste Realität. Die Wissenschaften reduzieren sich auf die Sprache der Zahlen (Stufenleiter von Auguste Comte). Die Welt ist eine Verwirklichung der Mathematik. Das menschliche Gehirn entdeckt sie – die Mathematik – als ihm bereits einbeschrieben.

Diese allzu optimistische Vorstellung war in der Folgezeit mehreren Angriffen ausgesetzt, von denen sie sich nicht mehr erholt hat.

Da ist zunächst die spielerische Aktivität der Mathematiker. Sie erfinden eine Vielzahl von Mathematiken, die »zu nichts gut« sind. Nur einige beschreiben die reale Welt.

Sodann lösen die inneren Schwierigkeiten Verwunderung aus. Nichts läßt die Behauptung zu, die Mathematik werde eines Tages ihre Probleme lösen und abgeschlossen sein. Angesichts dieser Schwächen und Unvollständigkeiten wird ihre phantastische Leistungsfähigkeit noch rätselhafter.

Zum dritten kamen Zweifel von der Astronomie. Die Natur funktionierte schon lange, bevor die Mathematik formuliert wurde. Piaget stellt die Frage nach dem Ursprung der Begriffe und bringt damit die Stufenleiter Auguste Comtes zum Kippen. Die Geburt der Logik ist ein wissenschaftliches Problem. Die Wissenschaften stützen sich gegenseitig.

Um dem Zirkel der Wissenschaften zu entrinnen, haben wir versucht, die Geschichte des Denkens nachzuzeichnen. Die Verhaltensforscher bestätigen uns, daß wir nicht die ersten sind, die denken. Lévi-Strauss spricht von den »primitiven Strukturen« des menschlichen Geistes, Piaget von der »Konstruktion« der Konzepte und logischen Operationen aus rätselhaften Elementen. Wir haben versucht, diese Elemente auf dem Weg über die Biochemie des Gehirns mit molekularen Phänomenen in Beziehung zu setzen. Dabei wurde uns jedoch klar, daß die Erforschung der Biochemie geistige Aktivität erfordert, so daß wir auf diesem Wege wieder in den Zirkel der Wissenschaften geraten. Im vierten Kapitel werden wir auf den verschlungenen Pfaden der Psychoanalyse nach dem Ausweg suchen.

4. Die Orte der mentalen Konstruktion

Vielleicht haben wir Piaget und Lévi-Strauss zu Unrecht vorgeworfen, daß ihre analytischen Begriffe (»Grenzpunkte«; »leere Felder«) vage sind. Wir sollten darin vielmehr eine Hoffnung, den Beginn eines Auswegs aus dem Zirkel der Wissenschaften sehen. Wäre es nicht ein paradoxer Anspruch, eine Theorie über den Ursprung der Begriffe in klaren Begriffen formulieren zu wollen? Ist es möglich, die Logik auf logische Weise zu erklären?

In diesem vierten Kapitel werden wir denn auch eine andere Richtung einschlagen, die unserem bisherigen Weg beinahe entgegengesetzt ist. Wir werden uns der am wenigsten »logischen« aller wissenschaftlichen Disziplinen zuwenden: der Psychoanalyse.

Daß die Psychoanalyse sich zu etwas anderem öffnet, das nicht zum Bereich des Intellekts gehört, ihn aber allseitig umgibt und an ihn grenzt, legt uns ein anderes Vorgehen nahe. Statt (vergeblich) verstehen zu wollen, *wie* das rationale Denken entsteht, werden wir fragen, *wo* es entsteht. Dieser neue Weg wird uns in die trüben Gewässer des Unbewußten stürzen. Dort werden wir die gemeinsame Quelle der Logik und der Poesie finden...

So wie Christoph Kolumbus Amerika entdeckt, läßt Freud einen unermeßlichen, von primitiven Trieben bevölkerten Kontinent aus dem Schatten hervortreten. Unter der dünnen Schicht des Bewußtseins entdeckt er den Rohzustand der Urinstinke des animalischen Lebens: den Sexualtrieb, die Gewalt und die Aggressivität. Die Psychoanalyse erinnert uns – ebenso wie die Darwinsche Evolutionstheorie – an unsere biologische Abstammung. Sie erkennt unter unseren »zivilisierten« Verhaltensweisen das schwere Erbe, das unsere Vorfahren uns hinterlassen haben. Das macht unseren Reichtum aus – und zugleich macht es uns das Leben schwer.

Von Freud werden wir uns für unseren weiteren Weg merken, daß das »Gesagte« seine Quelle im »Ungesagten« findet, das Verbale im Nonverbalen. Hinter dem menschlichen Handeln wird als Antrieb und Prägekraft eine dunkle Realität erkennbar: das Begehren. Nicht das Begehren, das sich auf etwas richtet: auf Essen oder den Liebesakt (es verschwindet, wenn es gestillt wird); nein, ein unstillbares Begehren, das unseren Emotionen zugrunde liegt, das dem Körper, dem tiefsten Wesen des Menschen innewohnt. Es ist ein Begehren nach der unmöglichen Rückkehr zur Mutter, in die Zeit, da sie und das Kind eine unauflösliche Einheit waren. In diese dunkle Welt müssen wir nun eintauchen.

Volle Felder

Der Schweizer Psychoanalytiker Carl Gustav Jung hat sich lange mit dem Ursprung des Denkens beschäftigt. Er glaubt, das Unbewußte habe eine kollektive Dimension. Es ist bevölkert mit universellen »Bildern«, die den Triebkräften des Menschen zugrunde liegen. Diese Bilder sollen in der Evolution unserer Spezies eine grundlegende Rolle gespielt haben.

Der unbewanderte Leser könnte versucht sein, die »Bilder« Jungs mit den »leeren Feldern« von Lévi-Strauss in Verbindung zu bringen. Doch dagegen wehrt Lévi-Strauss sich entschieden. Der nach seiner Meinung wesentliche Unterschied besteht darin, daß seine »Felder« wirklich leer sind, während die von Jung »voll« sind. Das hat er mir vor Jahren entgegnet, als ich, erstaunt über seine heftige Reaktion auf einen Zusammenhang, der mir naheliegend erschien, um einige Erläuterungen bat.[32]

Leer von was? Voll mit was? Genau darin liegt der neue, grundlegende Beitrag der Psychoanalyse zu unserer Frage. Die mit mentalen Operationen verbundene *affektive Ladung* wird hervorgehoben. Als grundlegende Einheiten der Psyche werden nicht mehr förmliche Strukturen angesehen, sondern aktive, von Gemütsregungen geprägte Elemente.

Die Jungschen »Bilder« sind erkennbar an der ungeheuren Energie, die von ihnen freigesetzt werden kann. Wir haben auf dem Bildschirm die Hysterie der iranischen Massen beim Tode Khomeinis gesehen oder den Fanatismus junger Nazis, die, mit Fackeln unter riesigen Hakenkreuzfahnen marschierend, für einen wahnwitzigen Traum zu sterben bereit waren. Daran ist ablesbar, was für geballte Energien die Bilder des Vaters, des Führers, des heiligen Krieges, des Vaterlandes und der Heimaterde zu mobilisieren vermögen.

Die Logik und der Körper

Um die Strecke zu ermessen, die wir seit Beginn unseres Weges zurückgelegt haben, sei daran erinnert, daß Descartes um jeden Preis zwischen Körper und Logik trennen wollte. Wir schlagen jetzt die entgegengesetzte Richtung ein. Die Psychoanalyse zeigt, daß das ursprüngliche Magma, aus dem Denken und Logik hervorgehen, von Emotionen umspült ist, und macht uns deutlich, wie tief diese Erscheinungen in der Welt der Gefühle und damit im Körper selbst verwurzelt sind.

Man könnte versucht sein, hier die sogenannte »materialistische« These zu übernehmen, nach der das Denken eine Hervorbringung des Körpers ist, so wie die Galle eine Hervorbringung der Leber und die Uhr eine Hervorbringung des Uhrmachers ist. Damit würden wir unversehens in die Schwierigkeiten zurückfallen, von denen wir loskommen wollen. Wollte man das Denken mit dem Körper »erklären«, so hieße das, die Psychologie auf die Biochemie zu gründen, die ihrerseits, nach bekanntem Muster, auf der Chemie beruht, die – usw. Wieder säßen wir in der Falle… Will man dem teuflischen Zirkel der Wissenschaften entgehen, muß man dauernd auf der Hut sein…

Der Bauch verkrampft sich...

Es liegt auf der Hand, daß der »Körper«, von dem hier die Rede ist, keineswegs bloß ein Begriff ist. Er ist das, was wir täglich erfahren und was Wilhelm Reich zu der Äußerung veranlaßte: »Wir *haben* nicht einen Körper, wir *sind* ein Körper.« *Das* ist es, wodurch wir auf der Welt sind und so lange auf ihr bleiben, wie er es uns gestattet. *Das* ist es, was uns fühlen und leiden läßt, was uns Ängste verursacht...

Eine wichtige Lehre der östlichen Weisheit – im Gegensatz zum westlichen Konzeptualismus – besteht gerade im Primat des realen Körpers. Das harmonische Funktionieren des Menschen setzt eine »Versöhnung« mit dem Körper voraus. Darin liegt der, wie ich glaube, fundamentale Beitrag etwa des Yoga, der heute von den sogenannten »kalifornischen« Therapien – Bioenergie, Gestalt usw. – aufgegriffen wird.

Der Psychoanalytiker weiß das, denn er ist täglich mit dem Leiden konfrontiert, das durch den Riß zwischen Körper und Geist ausgelöst wird. Ich möchte hier eine schöne Stelle zitieren, mit der Elie Humbert[33] ausdrückt, was er selbst erlebt und bei seinen Analysanden spürt.

»Der Körper existiert, und der Geist weiß nicht, was das bedeutet. Er findet nichts, was ihm hilft, diese Existenz zu begreifen, und er zweifelt an ihrem Sinn...

Es ist der Körper, der stirbt und damit die Evidenz der Existenz darstellt. Es ist der Geist, der zweifelt und über seine gewohnten Gedankengänge hinausgetrieben wird. Er schreitet nicht länger fort von Signifikant zu Signifikant, um die Zusammenhänge, aus denen die Realität besteht, zu begreifen. Die Frage stellt sich auf einer anderen Ebene, denn jetzt bezieht sie sich auf den Körper. Sie ist zur Erfahrung dessen geworden, was es nicht gibt, was aber mein ganzer Körper ahnen läßt. Es geht nicht länger um Nachsinnen, sondern um Betrachten und um Angst.

Der Bauch verkrampft sich, der ganze Körper leidet; er kann sogar krank werden, und das nennt man ›metaphysische Angst‹. Der Ausdruck zeigt an, daß eine der höchsten Aktivitäten des Geistes den Bauch in Mitleidenschaft zieht und den Organismus erschüttert.«

Das Grauen des »Nicht-Ich«

Was sagt uns das alles über den Ursprung des Denkens beim Menschen?

Statt Freud selbst zu fragen, der die Kindheitsphase der Menschen nur anhand der Neurosen des Erwachsenenalters studiert, werden wir Forscher wie Melanie Klein, Winnicott und Françoise Dolto befragen.[34] Diese Psychologen haben sich mit den Kindern selbst befaßt. Durch die Berücksichtigung der affektiven Komponente des Problems haben sie den Ort, wo sich alles abspielt, genau identifiziert.

Das äußere Element, das die mentale Aktivität beim Kind in Gang setzt, ist ganz einfach die »Realität«, allerdings in dem, was man ihre *Dimension des Grauens* nennen könnte. Um existieren zu können, haben wir gelernt, die erschreckenden Aspekte der realen Welt zu verdrängen. Gelegentlich suchen sie uns wieder heim und fallen uns an, wenn wir dem Leiden, dem Tod, dem Grauen in all seinen Formen begegnen. Man braucht nur Zeitung zu lesen und gewisse Fernsehreportagen zu betrachten. Es begegnet uns im Libanon, in Rumänien, in Südafrika usw. Von dieser Dimension der Realität wird jetzt die Rede sein.

Die Dichter sind es, die nicht ihre Augen verschließen. Lauschen wir Michèle Lalonde, einer Dichterin aus Québec:[35] »Die Realität läßt sich nicht auf das reduzieren, was Sprache ausdrücken kann. Sie mit einem gewissen Entsetzen betrachten, vermischt mit Stolz, wie ausströmende flüssige Materie, existentielles Magma, permanentes Chaos.«

Das grundlegende Ereignis unserer Existenz, sagt Winnicott, ist *die Begegnung mit der Realität*. Diese Begegnung ist die Quelle aller Ängste, ist das große Drama des menschlichen Lebens. »Kein Mensch«, sagt er, »kann sich von der Spannung befreien, die das Aufeinandertreffen der inneren und der äußeren Realität auslöst. Die fortschreitende Annahme der Realität ist eine nie endende Aufgabe.«

Das Teleskop löst den Teddybär ab

Bei der Geburt bildet das Kind eine vollkommene Einheit mit seiner Mutter. Es lebt in einem Kokon, der es von der Außenwelt abschirmt. Die fortschreitende Konfrontation mit der Realität bildet die Grundlage und das Drama seiner Existenz.

Hier hat eine fundamentale Entdeckung Winnicotts ihren Platz. Die Begegnung zwischen der inneren und der äußeren Realität vollzieht sich in einem *Grenzgebiet zwischen dem Ich und der Außenwelt.* In diesem Zwischenbereich kann das Kind auf die Realität *einwirken*, sie umformen, sie nachschaffen. Durch diese Aktivität kann es die Dimension des Grauens aus ihr vertreiben.

Das entscheidende Wort ist hier das *Spiel.* Winnicott spricht von dem »Spielbereich des Kleinkindes, das in seinem Spiel ›verloren‹ ist«. Mit seinem Teddybär oder seiner Stoffpuppe »entlastet es sich von der Angst vor der Außenwelt und von der Spannung, die durch die Notwendigkeit entsteht, sich ihr zu stellen«.[36]

Winnicott lenkt unseren Blick auf diesen Spielbereich, in dem sich – in Reaktion auf die Spannung, welche die Begegnung mit der Welt erzeugt – das erfinderische und schöpferische Wesen des Menschen äußert. Er wird, befruchtet durch diese Spannung, zum Schauplatz aller psychischen Aktivitäten. Hier nehmen das Teleskop oder der Pinsel den Platz des Plüschtieres ein. In diesem Garten blühen in buntem Durcheinander die Religionen, die Künste und die Wissenschaften.

Jede dieser Aktivitäten formt auf ihre Weise die äußere Realität um und macht das Leben erträglich. Jede hat eine klar definierte Rolle in dem ungeheuren Unterfangen der »Rekonstruktion«, dank dessen der Mensch sich erfolgreich der Außenwelt stellen und sein Erdendasein ausleben kann.

Manche Kinder schaffen das nicht und verschließen sich in ihrem »Autismus«. Warum? Die Psychoanalytiker verweisen uns auf die entscheidende Rolle der Mutter. Sie allein vermag, indem sie die Entstehung des erwähnten Spielbereichs fördert, die durch die Trennung ausgelöste Angst vor dem Alleinsein erträglich zu machen.[37]

Kurz, die Psychoanalyse hat uns veranlaßt, den Ursprung des Denkens außerhalb des Denkens selbst zu suchen. Sie hat uns den Ort, den Rahmen und die Modalitäten des Auftretens der mentalen Aktivität gezeigt. Wir haben dort entdeckt, daß es einen ungemein fruchtbaren Bereich gibt, in dem sich die Begegnung des Menschen mit der Außenwelt vollzieht, einen Spielbereich, in dem das Ich eine Realität rekonstruiert, in welcher es sich dem »Grauen des Nicht-Ich« stellen und sein Leben ganz leben kann. Kriterium eines gelungenen Lebens ist für Winnicott die Kreativität.

Der Name der Blumen

Wir haben bei unserer Erkundung eine besonders erhellende Information aufgesammelt: *Die wissenschaftliche, die poetische und die religiöse Aktivität wachsen auf demselben, von den Ängsten der Kindheit durchtränkten Boden.*

Diese drei, durch ihre Herkunft verschwistert, sind ausersehen für ein und dieselbe Aufgabe: die Rekonstruktion der Welt. Haben wir bisher immer wieder den Anspruch der ersten, die zweite zu verdrängen, in Frage gestellt, so werde ich im folgenden zu zeigen versuchen, daß ihre Methoden sich bei allen Unterschieden auch ergänzen.

Der Wissenschaft gelingt es, indem sie das Verhalten der Natur enträtselt, bis zu einem gewissen Grade, das Entsetzen zu bannen. Sie beruhigt. Der Donner und die Kometen ängstigen uns nicht mehr. Gegen die verheerende Gewalt der Orkane sind wir noch immer machtlos, aber wir können die gefährdete Bevölkerung warnen. Krankheiten, die früher tödlich waren, werden heute von der Medizin besiegt.

Um an ihr Ziel zu kommen, lauscht die Wissenschaft auf die Tatsachen. Sie macht es sich zur Pflicht, im Laboratorium nur kontrollierte Experimente durchzuführen. Die von ihr in Gestalt von Theorien und Gesetzen nachgebildete Realität muß die Beobachtungen reproduzieren. Diesem Zwang verdankt sie ihre Glaubwürdigkeit, aber auch die Begrenztheit ihrer Aussage. Bei ihr dienen die Wörter nur dem Austausch von Informationen.

Der Wissenschaftler muß um der Genauigkeit willen klar definierbare Wörter benutzen, die frei sind von jeder Mehrdeutigkeit. Er gibt seinen Aussagen den korrekten logischen Aufbau, der eine optimale Weitergabe der Informationen gewährleistet.

Ein Quasar heißt »0957 + 51«. Dieser Name ist präzise und praktisch – er gibt die Stellung des stellaren Objekts in Himmelskoordinaten an. Dafür besitzt er keinerlei affektive Konnotation. Träume weckt er nicht... Das ist der Preis, den wir für die Erlangung brauchbarer Informationen zu zahlen haben.[38]

Die Poesie benutzt die Sprache zu einem anderen Zweck. Ein hervorragendes Beispiel liefert ein japanisches Haiku:

Ich sah ein Wildgras
Als ich seinen Namen hört'
Fand ich's noch schöner

Die Schönheit ist eine Welterfahrung. An ihr haben sowohl die äußere Realität als auch der Wahrnehmende teil. Sie ist in jenem Grenzbereich angesiedelt, von dem der Psychoanalytiker spricht. Indem sie der Realität Wörter zuordnet, bereichert die Poesie unser Verhältnis zu den Dingen. Sie läßt sie uns *anders* sehen. Sie läßt sie uns *sehen*, sie zeigt sie uns ganz einfach. Dadurch, daß die Blume einen Namen erhält, *wird* sie schöner.

Die Sonnenuntergänge sind nicht mehr dieselben für den, der die Verse Baudelaires kennt:

Les soleils couchants
revêtent les champs
les canaux, la ville entière
d'hyacinthe et d'or
le monde s'endort
dans une chaude lumière.

Die sinkenden Sonnen
überkleiden die Felder,
die Kanäle, die ganze Stadt

mit hyazinthenem und goldenem Dufte;
die Welt entschlummert
in einem warmen Lichte.

Der Hyazinth, das Gold und das warme Licht vereinen sich und werden für ihn künftig jene Augenblicke begleiten, da die Sonne untergeht.

Die Wörter prallen aufeinander

Die Wissenschaft muß, um ihr Ziel zu erreichen, im Umgang mit der Sprache zimperlich sein. Die Poesie dagegen macht energischer und erfinderischer Gebrauch von ihr. Der Dichter hat, anders als der Wissenschaftler, eine Vorliebe für mehrdeutige Wörter, deren Bedeutungen schillern, Wörter, die im Lauf der Zeit vielfältige Konnotationen angenommen haben. Er verändert die gewohnte Ordnung der Wörter; er läßt sie aufeinanderprallen wie Steine, aus denen man Funken schlägt. Indem er die Begriffe ihrer üblichen Rolle beraubt und Ausdrücke, die nicht zueinander passen, aneinanderreiht, läßt er unbekannte Bilder, Eindrücke, Empfindungen, eine neue Welterfahrung entstehen.

In dem durch die Verfremdung geschaffenen Raum entsteht ein Staunen, durch das ein neuer »Sinn« wahrnehmbar wird, der nicht auf die ihn erzeugenden Wörter reduziert werden kann. Umgekehrt wie beim wissenschaftlichen Diskurs gilt für das Gedicht: *Je weniger Sinn* – im landläufigen Sinne – *es hat, desto größer die Chance, daß es »Sinn« macht.* »Das Meer, leichtgläubig wie eine Zaunwinde«, schreibt René Char. Lesen Sie diesen Vers noch einmal und lassen Sie ihn wachsen...

Die Poesie ist ein anderer Pfad zum dunklen Magma der Realität. Sie mehrt die Ausdrucksmöglichkeiten der Sprache. Jenseits des Nützlichen findet sie neue Wege, die Welt auszudrücken, ihre unerforschten Reichtümer zu ergründen. In spielerischer Weise schafft sie unerhörte Realitäten.

Die Wissenschaftssprache eignet sich hervorragend für die *Analyse* der realen Tatsachen. Doch wenn es darum geht, einen Gesamtüberblick zu geben, *einen Gegenstand mit all seinen Facetten zu überschauen*, ist die poetische Sprache viel leistungsfähiger. Als mein Buch über die Geschichte des Universums fertig war, habe ich lange nach einem passenden Titel gesucht. Zuerst verfiel ich auf »kosmische Evolution«, eine gewiß präzise, aber triviale, reizlose Angabe des Inhalts, die ich dann zum Untertitel gemacht habe. Als Titel wählte ich den Vers *Patience dans l'azur* von Paul Valéry, der sehr viel mehr anklingen läßt.

Noch weiter auf diesen Pfaden des Undenkbaren schreitet die Musik voran. Sie verwendet akustische Objekte, die ohne begriffliche Bedeutung sind. Was sie mit der Logik verbindet, ist die Konstruktion von Gebäuden, die zumeist strengen Regeln gehorcht. Darüber hinaus besitzt sie aber die Fähigkeit, neue Empfindungen hervorzurufen.

Der Abgrund des Ungedachten

»Ein existentielles Magma, ein permanentes Chaos«, schreibt Michèle Lalonde, »läßt sich die Realität, gleichgültig für den Logos, nicht auf das reduzieren, was Sprache ausdrücken kann.« Ich weiß nicht, ob man der Dichterin so weit folgen soll. Ich möchte die Frage anders formulieren: Können wir behaupten, es gebe keinen Zusammenhang zwischen dem eigentlichen Wesen der Dinge und dem, was wir davon wissen und darüber sagen können? Kann man ihr zustimmen, wenn sie schreibt: »Jeder Schriftsteller, der diesen Namen verdient, arbeitet in der Illusion und der größenwahnsinnigen Absicht, die Realität einzufangen, aber in Wirklichkeit schafft er es nur, sein Verhältnis zu ihr zu klären und ganz genau Stellung zu beziehen«[35]?

Daran sind Zweifel erlaubt. Denn sonst wäre nicht mehr zu verstehen, warum die Mathematik (bestimmte Teile der Mathematik) bestimmte Aspekte der realen Welt so wirksam zu beschreiben vermag.[39]

Sucht man dagegen den Ursprung der Ideen in einer Realität, die zwar für den Intellekt unerreichbar ist, aber vom Körper *erfühlt* werden kann und dem benachbart ist, was die Psychoanalytiker »das Unbewußte« nennen, so kann man nicht mehr von Gleichgültigkeit sprechen. Was wir über die Dinge sagen, enthüllt etwas von ihrem tiefen Wesen, so wie der sichtbare Teil des Eisbergs die unter Wasser verborgene Masse verrät.

Doch genügt das, um die beeindruckende Leistung der physikalischen Gesetze zu erklären? Darüber haben sich viele Autoren Gedanken gemacht, doch ist, ehrlich gesagt, eine wirklich befriedigende Antwort bisher nicht gefunden worden... Alles, was wir haben, sind verschwommene Intuitionen, die zwar plausibel, aber unbeweisbar sind.

All diese Autoren sagen in wenigen oder in vielen Worten ungefähr dasselbe. Man kann es folgendermaßen ausdrücken: Das menschliche Gehirn ist eine der Früchte der kosmischen Evolution. Es entstand unter der Einwirkung der physikalischen Gesetze auf die Materie des Universums. Daher besitzt es die Fähigkeit, Prinzipien zu formulieren, um die herum und dank derer es sich strukturiert hat.[40]

Man könnte, mit anderen Worten, dem Satz: *Das Universum ist für uns intelligibel, weil wir intelligent sind* hinzufügen: *Wir sind intelligent, weil das Universum intelligibel ist.*

Für den, der Wert auf logische Klarheit legt, werden derartige Behauptungen nicht sehr überzeugend sein. Sie sind unbeweisbar und, wie der Philosoph Karl Popper sagen würde, »unfalsifizierbar«. Trotzdem darf man annehmen, daß sie in gewisser Weise der Realität entsprechen.

Die Intelligibilität wirft erneut die Frage nach der Organisation des Universums auf. Warum ist es kein Chaos? Aber was ist Chaos? Wie können wir überhaupt von Chaos sprechen? Diese Frage konfrontiert uns mit den Grenzen unserer Sprache. Von Chaos kann man erst sprechen, nachdem man es definiert hat. Und man kann es nur definieren, wenn man von einer Idee der Ordnung ausgeht, womit man aber wieder im Bereich des Intelligiblen ist. Das »Chaos« und das »Nichts« entziehen sich der Intelligibilität.[41]

Was läßt sich darüber hinaus noch sagen? Beugen wir uns einfach über den Abgrund des »Ungedachten«, in dessen Tiefen auf rätselhafte Weise die Rationalität und die Poesie entstanden sind.[42] Dieser Blick erzeugt ein Schwindelgefühl, das unser Verhältnis zu den Begriffen relativiert. Es bewahrt uns vor der Versuchung der Gewißheiten und vor der Hegemonie des logischen Denkens.

Aus dieser Sicht versteht man besser, was Jacques Lacan sagt:

> Ich sage immer die Wahrheit,
> nicht die ganze,
> denn die ganze Wahrheit zu sagen
> schafft man nicht,
> dafür fehlen die Worte
> Gerade durch diese
> Unmöglichkeit
> ist die Wahrheit mit der Wirklichkeit verbunden.

Mit anderen Worten: Hinter dem, was uns die Worte von der Realität erfassen lassen, ahnt man, in ständiger Bewegung, Schichten, die der Intelligibilität unzugänglich sind. Die Rationalität allein vermag uns deren Substanz nicht zu vermitteln. Für eine klare Wahrnehmung der Sonnenuntergänge am Meer müssen *alle Fähigkeiten der Seele* eingespannt werden. Das ist Schillers Botschaft:

> *»Nur die Fülle führt zur Klarheit.«*

Zweiter Teil

Schmetterlinge über einem Rapsfeld

Wissenschaft und Freiheit

5. Schmetterlinge und die Gesetze der Physik

Le vierge, le vivace et le bel aujourd'hui
Va-t-il nous déchirer avec un coup d'aile ivre?
Ce lac dur oublié que hante sous le givre
Le transparent glacier des vols qui n'ont pas fui.

Der jungfräuliche, der lebendig schöne Tag
läßt heute er vielleicht im Ansturm trunkner Schwingen
vergessen unterm Reif den starren See aufspringen
des klaren Eises nie erblühten Flügelschlag!

Der Schwan, Stéphane Mallarmé.

Das grelle Gelb eines Rapsfeldes läßt den Frühling erstrahlen. Zwei Schmetterlinge tanzen unbekümmert über dem Pflanzenteppich. Jetzt sind es drei, zwei gelbe und ein weißer. Sie schlagen eine neue Richtung ein, wirbeln durcheinander und gewinnen nach und nach an Höhe. Weit oben bleibt der dritte zurück. Ich kann ihnen kaum noch mit den Augen folgen. Sie schweben in Richtung Sonne davon und werden schließlich von der Helligkeit einer weißen Wolke verschluckt.

»Die Welt ist alles, was der Fall ist«, schreibt der Wiener Philosoph Ludwig Wittgenstein. Die Realität besteht aus den Einzelereignissen, die dem Heute seine Lebendigkeit verleihen.

Der »gegenwärtige Moment« macht den wissenschaftlichen Denkern Schwierigkeiten. Lange hat man das »Heute« zu leugnen gesucht. Man sperrt es in Zwangsjacken. Im Namen des »Determinismus« verweigert man ihm seine Jungfräulichkeit; im Namen des »Zufalls« weist man seine Lebendigkeit zurück. Jedenfalls hat es eine »Gnadenfrist«. Nicht mehr für sehr lange. Es ist unwiderruflich zum »Wärmetod« verurteilt.

Durch ein revolutionäres Umdenken, das an Bedeutung der Relativitätstheorie und der Quantenphysik gleichkommt, sind die Wissenschaftler unseres Jahrhunderts jetzt in der Lage, den »Moment« mit seinem richtigen Wert zu veranschlagen. Sie haben sich mit dem Unvorhersehbaren, dem Neuen und letztlich mit dem Begriff der Freiheit ausgesöhnt.

Mallarmé und seinen im Eis eingeschlossenen Schwan paraphrasierend, kann man sagen, daß das Tauwetter eingesetzt hat und das »Heute« endlich den befreienden »trunkenen Flügelschlag« erhalten hat.[43]

In den nächsten drei Kapiteln will ich versuchen, die Höhepunkte dieses Wandels zu schildern, an dem die Aufstellung der »Chaostheorien«, die Entdeckung der Expansion des Weltalls, die Entwicklung der Informatik und der Bau von superschnellen Rechnern maßgeblichen Anteil hatten. Dies alles zusammen hat uns in die Lage versetzt, den Flug der gelben Schmetterlinge über dem Rapsfeld in seiner Einzigartigkeit zu begreifen.

Demokrits Botschaft

»Alles geschieht durch *Zufall* und durch *Notwendigkeit*«, schrieb der griechische Philosoph Demokrit vor zweitausendfünfhundert Jahren. Seine Formel sollte sich durchsetzen. Sie beschrieb die beiden Pole, an denen sich im Laufe der Ideengeschichte verschiedene Denkschulen festmachen sollten.

»Alles ist Notwendigkeit« – dieser Satz würde bedeuten, daß die Phänomene der Natur und die Ereignisse unseres Lebens durch diktatorische Gesetze unausweichlich determiniert sind, und jeder Eindruck von Freiheit würde ins Reich der Illusionen verbannt. »Alles ist Zufall« – dies würde bedeuten, daß es überhaupt keine Determination gibt, daß das Zufällige und Unvorhergesehene unumschränkt herrscht.

Demokrit hat sich als scharfsinniger Denker damit begnügt, die beiden Pole nebeneinanderzustellen und nur durch ein listiges »und« miteinander zu verbinden. Er überläßt es seinen Lesern, herauszufinden, wie der »Zufall« und die »Notwendigkeit« in der realen Welt *koexistieren*. Über zwei Jahrtausende mußten vergehen, ehe die Lösung dieses Problems gelang!

Die Glanzzeiten des Pols »Notwendigkeit«

In der Geschichte der Wissenschaften hat der Pol »Notwendigkeit« seine Glanzzeiten im 17. und 18. Jahrhundert erlebt, dank der Entdeckung der Himmelsmechanik. Der Glanz verknüpft sich mit den Namen Newton und Laplace.

Die Stellung der Himmelskörper läßt sich für die Vergangenheit wie für die Zukunft berechnen. Das Sonnensystem wird in den Augen der »Himmelsmechaniker« zu einem herrlichen Mechanismus, einem Uhrwerk, das für alle Zeiten auf wunderbare Weise geregelt ist.

Im Zeitalter der Aufklärung berauscht sich der menschliche Geist, durch die Erfolge der allgemeinen Gravitationstheorie beflügelt, an seiner eigenen Macht. Es scheint, als könnten Newtons Gesetze als Vorbild für alle Bereiche der Realität dienen. Die ganze Natur will man in Formeln fassen. Durch mathematische Gleichungen umschrieben, wird das Universum für den menschlichen Forschergeist transparent.

Die »Zeit« wird – ein Opfer der Newtonschen Erfolge – ausgeschaltet. Der gegenwärtige Moment ist bloß ein nichtssagender Punkt im berechenbaren Ablauf einer »Dauer«, die zum mathematischen Parameter schrumpft. Vergangenheit und Zukunft sind im Netz der Differentialgleichungen eingefangen. Für den, der zu rechnen versteht, lösen sich die Rätsel der Welt auf wie die Morgennebel im Sonnenschein. Laplace hat wie kein anderer diese Entdeckung gefeiert; seine Aussage findet der Leser als Anmerkung am Ende des Buches.[44]

Hätte man den Marquis de Laplace bezüglich der Schmetterlinge, die an einem schönen Frühlingsmorgen unbeschwert über dem Rapsfeld flattern, gefragt, ob dieses Ereignis sich notwendig vollziehen mußte und ob er es bis in die geringsten Einzelheiten hätte vorhersagen können, was hätte er geantwortet? Seinem Weltbild entsprechend hätte er wohl beides bejaht.

Für den menschlichen Geist hat die Vorherrschaft des Poles »Notwendigkeit« etwas Verführerisches. Doch das Schauspiel, das er bietet, ist sehr eintönig. Adjektive wie »unerwartet«, »unvorhergesehen« und »unerhört« würden unter seiner Ägide genau wie die Substantive »Findigkeit« und »Kreativität« in den Bereich des Märchens verbannt; sie würden unerbittlich aus dem wissenschaftlichen Wortschatz gestrichen. Den Wörtern »Freiheit« und »Phantasie« erginge es nicht anders. Der Zufall wäre demaskiert als ein Eingeständnis der Unwissenheit, als ein Versäumnis, den menschlichen Geist mit seinem ungeheuren Leistungsvermögen wirklich zu nutzen.

Die Bahnen, welche die Planeten unabänderlich und unermüdlich durchlaufen, bieten bei all ihrem feierlichen Glanz auch ein Bild der Monotonie, der Langeweile und der Verzweiflung. Sie zeigen zur Genüge, wie dürftig der Pol »reine Notwendigkeit«[45] ist. Sie sind mit der Findigkeit der Natur kaum in Einklang zu bringen. Sie passen schlecht zu der Fülle und Mannigfaltigkeit der Formen, welche die Realität im Lauf der Geschichte unablässig hervorbringt.

Die Glanzzeiten des Pols »Zufall«

Auch der Pol »Zufall« hat, dank der Entfaltung der Biologie Ende des letzten Jahrhunderts, seine Glanzzeiten erlebt. Mit der Evolutionstheorie wurde die Bedeutung des Zufälligen wiederentdeckt.

Wenn ein Viehzüchter die besten Stücke seines Viehbestandes für die Vermehrung auswählt, um die Qualität des Bestandes zu heben, spricht man von »künstlicher Auslese«. Darwins geniale Idee bestand darin, daß sich in der natürlichen Evolution etwas Ähnliches abspielt.

Anders als bei der künstlichen Auslese steht hinter dieser »natürlichen Auslese« nicht die intelligente Auswahl durch eine höhere Instanz. Sie ist, der modernen Biologie zufolge, das blinde Ergebnis einer Reihe von zufälligen Erbmutationen. Manche Mutationen steigern die Wahrscheinlichkeit, daß ein Individuum das Reifealter erreicht und Nachkommen hat; es kann diese vorteilhaften Erwerbungen an seine eigenen Kinder weitergeben, und so breitet seine Nachkommenschaft sich aus.

In dieser Sicht erscheint die biologische Evolution vielfach als eine riesige Lotterie zum Ruhme des Gottes »Zufall«. Ein brillanter Biochemiker unserer Zeit definiert das »Leben« als »das Ergebnis einer langen Reihe von Zufällen«. Für einen anderen ist das Leben »nur eine seit dreieinhalb Milliarden Jahren andauernde physikalisch-chemische Fluktuation«.

Der Biologe Jacques Monod hat dieser Sicht zu großer Popularität verholfen. Im Titel seines Buches *Zufall und Notwendigkeit* stellt er die beiden Pole, von denen Demokrit sprach, gleichberechtigt nebeneinander, doch gibt er ihnen nicht gleiches Gewicht: Der »Zufall« wird weit stärker betont als die »Notwendigkeit«. Das Erscheinen des Lebens auf der Erde und das Hervortreten des Menschen aus dem Tierreich war, wie er schreibt, keineswegs vorherbestimmt. Beide Phänomene waren äußerst unwahrscheinlich. Allein der »Zufall« hat darüber entschieden.

Das Durcheinander der Zufallslandschaften

An der eisigen Starre der Planetenbahnen haben wir gezeigt, wie monoton Landschaften sind, in denen die reine Notwendigkeit herrscht. Doch was für ein Bild böte eine Natur, die ganz dem Zufall unterworfen ist?

Natürlich hat die Frage, genaugenommen, keinen Sinn. Die Gesetze der Physik dulden keinen Verstoß. Doch in manchen Situationen ist ihre Rolle geringfügig. Es gibt Landschaften, die praktisch vom Zufall geprägt sind.

Ein treffendes Beispiel liefert die Verteilung der Meteoritenkrater auf der Oberfläche des Mondes oder des Planeten Merkur. Der Umfang der Meteoriten, die auf einen Planeten stürzen, und ihr Aufschlagswinkel gehorchen keinem Gesetz. Die Krater verteilen sich vollkommen zufällig. Das Bild, das sie bieten, ist ein Durcheinander (siehe Abbildung 1).

Der menschliche Geist findet dort nichts, woran er sich festhalten und sich erfreuen könnte. So sieht eine Landschaft aus, die allein vom Zufall gestaltet wurde.

Ein zweites Beispiel liefert die mikroskopische Welt des interstellaren Staubs. In den Überresten explodierter Sterne bilden sich aus Sauerstoff- und Siliziumatomen, die aus der stellaren Feuersglut hervorgeschleudert wurden, Staubkörner. Im Weltraum verstreut, werden diese Körner Jahrmillionen lang von den »kosmischen Strahlen« unserer Galaxie bombardiert.

Die kosmische Strahlung besteht aus Teilchen – überwiegend Protonen und Elektronen, aber in geringen Mengen auch Kerne schwererer Atome –, die auf annähernde Lichtgeschwindigkeit beschleunigt wurden. Trifft ein solches Teilchen auf ein Staubkorn, dringt es tief darin ein. Es gräbt einen winzigen Tunnel in das Gestein.[46]

Man kann diese Körner im Labor wie eine Fotoemulsion »entwikkeln«. Manche Körner sind besonders intensiv bombardiert worden. Die Tunnel überschneiden sich und bilden ein unbeschreibliches Durcheinander. Das mikroskopische Gewirr ist – wie die Mondoberfläche – eine Folge von Zufallsphänomenen (siehe Abbildung 2, S. 86).

Der Wirrwarr der Kinder des reinen Zufalls zeigt uns ebenso wie die Starre der Kinder der reinen Notwendigkeit ganz deutlich, daß die beiden Pole, für sich genommen, den Reichtum und die Herrlichkeit der realen Welt nicht zu erklären vermögen. Wir müssen unsere Suche fortsetzen, wenn wir begreifen wollen, warum immer höher organisierte und immer leistungsfähigere Strukturen in der Welt entstehen.

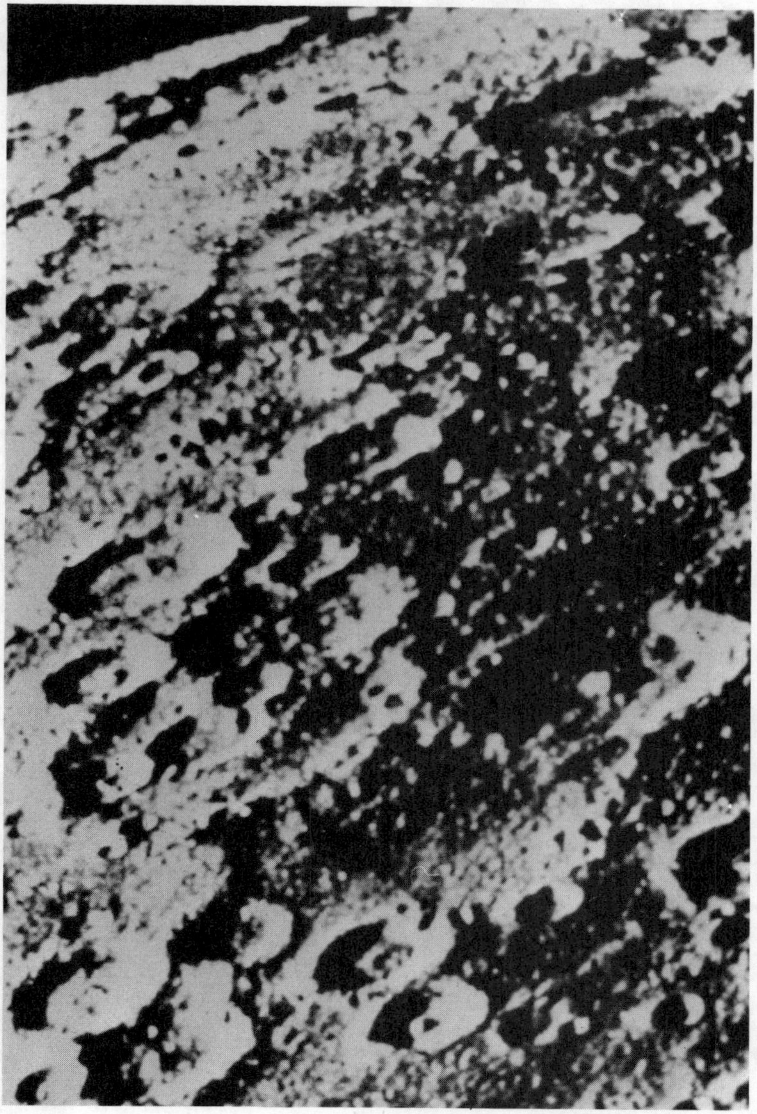

Abbildung 1: Die Oberfläche des Mondes, von Meteoritenkratern übersät.

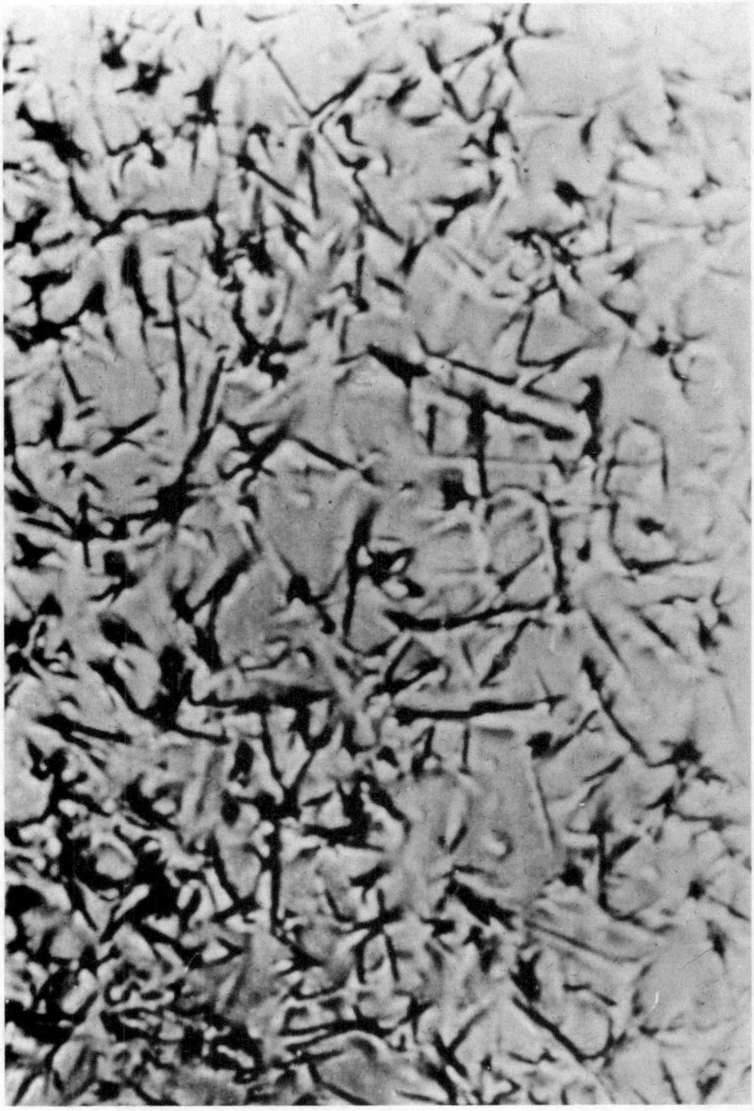

Abbildung 2: Von kosmischen Strahlen bombardierter Meteoritenkristall.

Die Versöhnung

Das Problem, das mit Demokrits Behauptung implizit aufgeworfen wurde, ist heute dank der Entwicklung der wissenschaftlichen Theorien und der numerischen Rechner gelöst. Beide, der »Zufall« und die »Notwendigkeit«, sind für das Wachstum der kosmischen Komplexität unerläßlich. Wir kennen die Formen ihrer friedlichen Koexistenz und ihrer fruchtbaren Wechselwirkung. Wir können ihren jeweiligen Anteil am ungeheuren Unternehmen der Strukturierung der kosmischen Materie bestimmen.

Die Herrschaft der physikalischen Gesetze wurde nicht in Frage gestellt. Die Gesetzgebung bleibt in Kraft, doch reicht ihre Exekutivgewalt längst nicht so weit, wie man im 18. Jahrhundert glaubte. Das wirkt sich stark auf unsere Fähigkeit aus, die Zukunft zu erkennen. Den neugierigen Blick, den ein Blauspecht mir durch das offene Fenster meines Arbeitszimmers zuwirft, hätte der Marquis de Laplace nicht vorhersehen können.

Diese partielle Indeterminiertheit der Ereignisse ist das Spielfeld der Natur. Hier kann sie das noch nicht Dagewesene schaffen. In diesem natürlichen Habitat begegnen wir der Freiheit.

Die Chaostheorien

Schauen wir uns das näher an. Warum ist der Traum von Laplace utopisch? Was hat sich seit dem Zeitalter der Aufklärung geändert?

Wenig, genaugenommen, aber auf diese wenigen Dinge kommt es an. Um die Zukunft zu kennen, würde es, Laplace zufolge, *genügen*, »alle Kräfte, von denen die Natur beseelt ist, und die *jeweilige Lage der Wesen, aus denen sie sich zusammensetzt*, zu kennen«. Da liegt der wunde Punkt. Dieses Programm ist unrealisierbar.

In den letzten Jahrzehnten haben zahlreiche Forscher sich mit diesem Problem befaßt. Ihre Arbeiten tragen den mehr oder weniger passenden Titel »Theorie des deterministischen Chaos«. Um sie richtig zu würdigen, müssen wir uns zunächst mit einigen neuen Ausdrücken vertraut machen wie »Empfindlichkeit für die Anfangsbedingungen«, »lineare Abhängigkeit«, »nicht-lineare Abhängigkeit« und »Vorhersagehorizont«.

Die Situation läßt sich an einem einfachen Beispiel verdeutlichen: dem Verhalten von Uhren. Nicht alle Uhren zeigen mit gleicher Genauigkeit die Zeit an. Einige sind sehr viel zuverlässiger als andere. Wir wollen drei verschiedene Fälle untersuchen.

Denken wir uns zunächst eine ideale Uhr, die die Zeit mit hundertprozentiger Zuverlässigkeit anzeigt. Zunächst muß sie gestellt werden. Wir rufen die Zeitansage an. Sie sagt uns die Zeit bis auf die Sekunde: »Es ist drei Uhr, sechsundzwanzig Minuten und dreißig Sekunden.«

In dem Augenblick, da wir die Uhr in Gang setzen, kennen wir die Zeit mit einer Ungenauigkeit »von plus/minus eine Sekunde«. Die *Anfangsbedingung*, die wir auf unserer Uhr eintragen müssen, lautet: »Es ist drei Uhr, sechsundzwanzig Minuten und dreißig Sekunden, plus/minus eine Sekunde.«

Bei einer hundertprozentig zuverlässigen Uhr ändert sich an dieser Ungenauigkeit nichts. Vierundzwanzig Stunden später zeigt sie die Zeit mit gleicher Genauigkeit an (plus/minus eine Sekunde). Nach zwei, drei oder vier Tagen wird es noch genauso sein.

In der realen Welt wird keine Uhr die Zeit mit solcher Zuverlässigkeit anzeigen. In der Gebrauchsanweisung gibt der Hersteller die Ganggenauigkeit seines Produkts an. Betrachten wir den Fall einer *zweiten* Uhr, deren Ungenauigkeit *eine Sekunde pro Tag* beträgt. Am Ende des ersten Tages werden wir die Zeit bis auf zwei Sekunden genau kennen. (Eine dieser Sekunden stammt aus der Anfangsbedingung, die andere aus dem Zuverlässigkeitsspielraum.)

Wird die Uhr nicht nachgestellt, so wächst unsere Unsicherheit, was die Kenntnis der Uhrzeit betrifft, »linear« mit der Zeit. »Linear« bedeutet hier nichts anderes, als daß sie sich verdoppelt, wenn der betrachtete Zeitraum zweimal so groß wird. Nach zwei, drei oder vier Tagen wird die Ungenauigkeit unserer zweiten Uhr plus/minus drei, vier oder fünf Sekunden betragen.

Was unsere *dritte* Uhr betrifft, wollen wir annehmen, daß die Ungenauigkeit nicht – wie bei der zweiten – konstant bleibt (eine Sekunde pro Tag), sondern sich *mit jedem Tag* verdoppelt (nach dem ersten Tag eine Sekunde, nach dem zweiten zwei Sekunden, nach drei Tagen vier Sekunden, nach vier Tagen acht Sekunden usw.). Es liegt also ein *nichtlineares* Wachstum vor.

Wie lange dauert es, bis die Ungenauigkeit zwölf Stunden beträgt? Antwort: weniger als sechzehn Tage. Sechzehn Tage, nachdem unsere fiktive Uhr gestellt wurde, zeigt sie die Zeit mit einer Abweichung von zwölf Stunden an. Sie ist völlig unbrauchbar.

Mit diesem Rechenbeispiel haben wir einen Begriff eingeführt, der für unsere Diskussion von zentraler Bedeutung ist: den *Vorhersagehorizont*. Er bezeichnet den *Zeitraum, jenseits dessen man in einem gegebenen Kontext nichts mehr vorhersagen oder behaupten kann*. Für die dritte Uhr beträgt der »Vorhersagehorizont« sechzehn Tage.

Die Zeichnung auf Seite 90 zeigt das Verhalten unserer drei Uhren. Die Ungenauigkeit wird durch die schraffierten »Tortenstücke« dargestellt. Die wirkliche Uhrzeit liegt irgendwo in diesem Bereich. Der Deutlichkeit halber habe ich »plus/minus eine Sekunde« durch »plus/minus eine Stunde« ersetzt. So liegt die wirkliche Uhrzeit bei den Uhren der linken Spalte zwischen elf und ein Uhr.

Empfindlichkeit für die Anfangsbedingungen

An diesen Uhren läßt sich ein Begriff verdeutlichen, der für unsere Darstellung grundlegend ist: die »Empfindlichkeit für die Anfangsbedingungen«. Die Anfangsbedingung ist hier das Einstellen der Uhrzeit mit einer Genauigkeit von plus/minus eine Sekunde. Die Empfindlichkeit für diese Anfangsbedingung ist bei den drei Uhren verschieden. Das schlägt sich in ihrem Vorhersagehorizont nieder.

Bei der ersten Uhr wächst die mit der Anfangsbedingung eingeführte Ungenauigkeit nicht, bei der zweiten wächst sie »linear«, bei der dritten nimmt sie so dramatisch zu, daß man nach kurzer Zeit nichts mehr weiß.

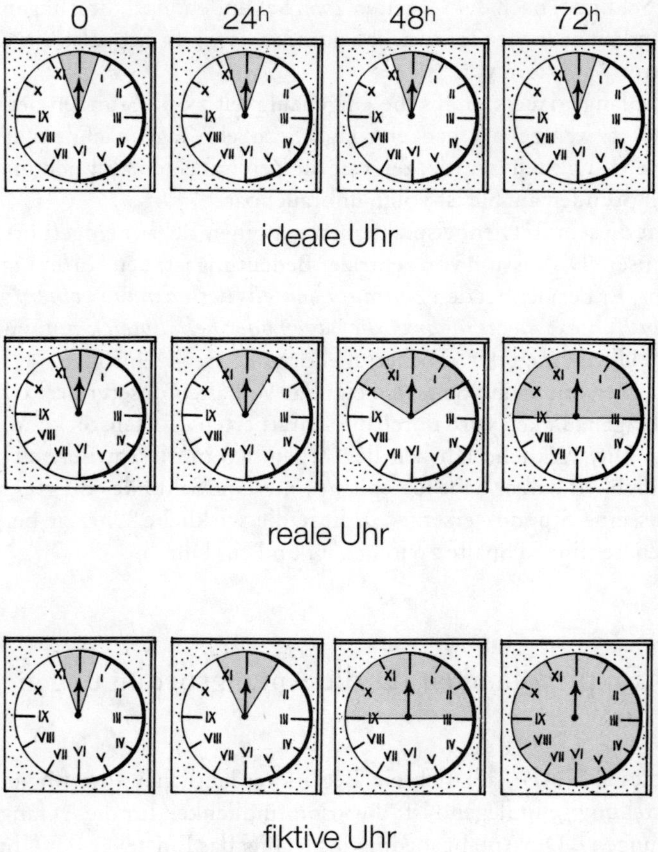
0
24h
48h
72h
ideale Uhr
reale Uhr
fiktive Uhr

Die (nicht-lineare) Steigerungsrate der letzten Uhr macht diese sehr »empfindlich« für die Genauigkeit der Anfangsbedingungen. Läßt man sie anfangs eine Tausendstelsekunde von der richtigen Uhrzeit abweichen, so erstreckt sich ihr Vorhersagehorizont auf 26 Tage. Mit einer Millionstelsekunde kommt man auf 36 Tage. Drei Monate ließen sich erreichen, wenn die anfängliche Abweichung 10^{-43} Sekunden (1/10 000 000 000 000 000 000 000 000 000 000 000 000 000 000) betrüge.

Das ist die äußerste Grenze. Eine größere Genauigkeit der Zeitangabe läßt sich nicht erreichen, weil dann Quanteneffekte wirksam werden.[47] Durch diese Grenze ist wiederum der absolute Vorhersagehorizont für unsere dritte Uhr gegeben: drei Monate.

Von Gesetzen und Uhren

Wie die Uhren, so haben auch die Gesetze der Physik einen »Vorhersagehorizont«.

Diese Gesetze werden ausgedrückt durch *mathematische Gleichungen*. Diese Gleichungen sagen uns, wie die von der Physik beschriebenen Objekte sich mit der Zeit *verändern*. Kennt man den Zustand (Temperatur, elektrische Felder usw.) dieser Objekte zu einem gegebenen Zeitpunkt, so sagen uns die Gesetze, wie der Zustand im nächsten Augenblick sein wird. Sie informieren uns über die *Differenz* (den Unterschied) zwischen dem gegenwärtigen und dem folgenden Moment. Deshalb nennt man sie *»Differentialgleichungen«*.

In den gleichen Worten kann man das Verhalten der Uhren beschreiben. Sie teilen uns in üblichen Einheiten (Stunden, Minuten, Sekunden) mit, wie die »gegenwärtige Uhrzeit« sich mit der Zeit verändert. Sie zeigen uns die *Differenz* zwischen dem gegenwärtigen und dem folgenden Augenblick an. Uhren und Differentialgleichungen funktionieren insofern in gleicher Weise.

Wenn man die Gegenwart hinreichend genau kennt, sagen uns die Gleichungen der Physik, was die unmittelbare Zukunft sein wird. Aufgrund dieser Kenntnis kann man dann abschätzen, was im folgenden

Zeitpunkt geschehen wird. Das war das Rezept von Laplace. Lange hat man geglaubt, dieses Rezept erlaube uns, die *gesamte* Zukunft vorherzusagen – künftige Sonnenfinsternisse ebenso wie die Fernwanderungen der Wildgänse über die arktische Tundra, wenn die Tage wieder länger werden.

Wieder begegnen wir der Situation, die wir bei den Uhren hatten. Unsere Kenntnis der Gegenwart ist notwendigerweise unvollständig. Wir können die Position des Mondes in einem gegebenen Augenblick nicht mit unendlicher Genauigkeit kennen. Unsere Teleskope zeigen uns seine Stellung mit einer gewissen Ungenauigkeit. Man sagt deshalb beispielsweise: Der Mond steht in der und der Richtung, mit einer Ungenauigkeit von *plus/minus* einer tausendstel Bogensekunde. Man steht hier wieder vor dem Problem der Empfindlichkeit für die Anfangsbedingungen.

Betrachten wir beispielsweise die Bewegung der Erde um die Sonne. Lassen wir einstweilen die anderen Körper des Sonnensystems außer acht. Im 17. Jahrhundert formulierte Newton die Gleichung, die diese Bewegung beschreibt. Es ist eine lineare Gleichung (was dies genau bedeutet, werden wir unten sehen). Diese Gleichung hängt, wie unsere zweite Uhr, nur geringfügig von der Genauigkeit der Anfangsbedingungen ab. Sie könnte die Position der Erde unbegrenzt beschreiben.

Nun gibt es aber im Sonnensystem nicht nur die Sonne und die Erde. Andere Planeten beeinflussen die Bewegung der Erde im All. Grundsätzlich müßte man sie berücksichtigen und in die Bewegungsgleichungen aufnehmen. Tatsächlich haben diese Planeten eine weit kleinere Masse als die Sonne. In den uns interessierenden Zeiträumen ist ihr Einfluß gering. Deshalb werden sie normalerweise vernachlässigt.

Anders wäre es, wenn beispielsweise Merkur und Venus sehr viel massereicher wären. Dann würde man sie in die Bewegungsgleichungen einbeziehen, die dadurch zu *nicht-linearen* Gleichungen würden. Ihre Empfindlichkeit für die Anfangsbedingungen entspräche der bei unserer dritten Uhr. Der Vorhersagehorizont, jenseits dessen jede Vorhersage von Sonnenfinsternissen unmöglich würde, wäre sehr kurz. Man spricht in diesem Fall von chaotischen Bahnen.[48]

Es gibt im Sonnensystem solche Fälle. Die Messungen der Voyager-

Sonden haben ergeben, daß einige Satelliten des Saturn, die sich in der Nähe der Ringe befinden, recht eigenwilligen, vollkommen unvorhersagbaren Bahnen folgen.

Als Ergebnis dieser Betrachtung halten wir fest, daß nur lineare Gleichungen (mit *geringer* Empfindlichkeit für die Anfangsbedingungen) eine langfristige Zukunftsvorhersage erlauben. Generell nimmt die Empfindlichkeit für die Anfangsbedingungen mit der Zahl der wechselwirkenden Körper rasch zu.[49] Bei fast allen konkreten Problemen ist diese Zahl so hoch, daß die Gleichungen eine große Empfindlichkeit für die Anfangsbedingungen aufweisen.

Die Himmelsmechaniker sind zu ihrem Glück (oder ihrem Pech...) an die *sehr seltenen* Ausnahmen von dieser Regel geraten. Daher ihre vorschnelle Begeisterung über die Vorhersagefähigkeit der Wissenschaften. In der konkreten Welt ist die Zahl der »künftigen Zustände«, die einer langfristigen Abschätzung zugänglich sind, äußerst gering. Die Vorhersage von Sonnen- und Mondfinsternissen ist nun wirklich von recht begrenztem Interesse. Seit die Wissenschaftler das eingesehen haben, sind sie realistischer und bescheidener geworden...

Rückkopplungsschleifen

»Lineare Abhängigkeiten«, »nicht-lineare« »Empfindlichkeiten für die Anfangsbedingungen«, »Vorhersagehorizonte« – wenn wir das Problem, um das es uns geht, richtig begreifen wollen, müssen wir uns mit diesen Begriffen besser vertraut machen. Wie sie untereinander zusammenhängen, sollen einige Beispiele aus dem konkreten Leben zeigen.

Die von einem Heizkörper abgestrahlte Wärme erhöht die Temperatur eines Raumes. Eine bestimmte Wärmemenge (die Ursache) erzeugt eine bestimmte Temperaturerhöhung (die Wirkung). Wenn ich unter bestimmten Bedingungen die abgestrahlte Wärme verdopple, verdopple ich die Temperatur (in absoluten Gradeinheiten). Man sagt in diesem Fall, daß die Temperatur *linear* von der abgestrahlten Wärme abhängt.

Diese Beschreibung gilt nicht für, sagen wir, einen Waldbrand. Die Wärme eines einzigen Streichholzes kann eine ganze Region in Brand setzen und sehr hohe Temperaturen entstehen lassen. Man weiß, wie es dazu kommt: Die durch die Streichholzflamme bewirkte (geringe) Temperaturerhöhung genügt, um einige dürre Äste zu entflammen. Dieser Brand setzt noch mehr Wärme frei, erhöht die Temperatur weiter, usw.

Es ist leicht einzusehen, daß die Intensität der Wirkung in diesem Fall auf die Intensität der Ursache zurückwirkt. Man bezeichnet das als »Rückkopplungsschleife«: Die Ursache erzeugt die Wirkung, die Wirkung modifiziert die Ursache, die wiederum die Wirkung modifiziert usw. Bei einem Waldbrand hängt die Temperatur *nicht-linear* von der vom Streichholz freigesetzten Wärme ab.

Wenn die Wirkung nicht ihrerseits die Ursache beeinflußt (lineare Abhängigkeit), sind die Gleichungen in geringem Maße empfindlich für die Anfangsbedingungen. Man kann dann über einen sehr langen Zeitraum die Entwicklung der Temperatur berechnen.

Hat dagegen die Temperaturerhöhung die Wirkung, noch mehr Wärme freizusetzen (nicht-lineare Abhängigkeit; Rückkopplungsschleife), so zieht die Wirkung durch Verstärkung der Ursache eine hohe Empfindlichkeit für die Anfangsbedingungen nach sich. Der Vorhersagehorizont der Temperaturentwicklung ist dann sehr kurz. Ein Waldbrand hat ein kaum vorherzusagendes Verhalten.

Wie sich zeigt, weisen die Probleme der Physik eine Fülle von nichtlinearen Gleichungen auf. Die konkrete Welt ist voll von »Rückkopplungsschleifen«...

Der »Schmetterlingseffekt«

Bei der Berechnung der Planetenbahnen braucht man nur den Einfluß einer kleinen Zahl von Himmelskörpern zu berücksichtigen. In der Meteorologie muß man mit Milliarden und Abermilliarden Luftmolekülen rechnen. Natürlich hat niemand Lust, die Bahn jedes einzelnen

Moleküls der Atmosphäre zu verfolgen. Man ist interessiert an »Mittelwerten« wie der Temperatur oder der Verteilung der Winde und Niederschläge in einer bestimmten Region. Aber selbst das kann das Wetteramt – wir wissen es ja – nur mit einer sehr begrenzten Glaubwürdigkeit vorhersagen...

Bräuchte man lediglich stärkere Computer, um die Qualität der Wettervorhersage zu erhöhen? Das hat man lange geglaubt. Doch dabei wurde übersehen, daß die Gleichungen der Aerodynamik *extrem empfindlich* für die Anfangsbedingungen sind.

Lassen Sie uns beispielsweise versuchen, das Wetter zu berechnen, das wir heute in einem Jahr haben werden. Zunächst muß *alles* eingespeist werden, was wir über den Zustand der Atmosphäre zum gegenwärtigen Zeitpunkt wissen: die Verteilung der Temperaturen, der Wolken, der Winde usw. Jetzt wird das Programm gestartet, und die Maschine rechnet. Nehmen wir an, es kommt dabei heraus: schönes Wetter, wolkenloser Himmel.

Wie es sich gerade fügt, ist in dem Moment, als das Rechenprogramm startete, irgendwo auf dem Planeten ein Schmetterling aufgeflattert. Der Lufthauch, den die Bewegung seiner Flügel erzeugte, wurde nicht berücksichtigt. Man muß noch einmal starten und dabei diese neue Anfangsbedingung einbeziehen. Große Überraschung: Die Wirkungen des Schmetterlingsfluges auf die Atmosphäre lassen die Berechnung einen völlig anderen Verlauf nehmen. Sie sind hinreichend stark, um die Vorhersage für nächstes Jahr abzuändern: Es wird regnen!

Müssen wir also auf Wettervorhersagen verzichten? Nicht, wenn wir uns mit der kurzfristigen Prognose begnügen. Das Wetter von morgen läßt sich fast sicher vorhersagen. Das Wetter in drei Tagen ist schon sehr viel unsicherer. Was über zwei Wochen hinausgeht, kann man genausogut Münzen werfen...

Man kann in diesem Sinne für jedes Gebiet der Wissenschaft einen »Vorhersagehorizont« einführen, jenseits dessen die Zukunft unerkennbar ist. Sonnenfinsternisse lassen sich für Tausende, ja sogar für Hunderttausende von Jahren im voraus berechnen. Aber immer gibt es ein Datum, jenseits dessen solche Berechnungen nicht mehr anwendbar sind. Der Vorhersagehorizont der Meteorologie beträgt rund eine Woche. Es wird nichts helfen, einen leistungsstärkeren Computer anzuschaffen. Die Schmetterlinge werden seine Ergebnisse zunichte machen.[50]

Eine subtile Dosierung

Die neueren Entwicklungen der Physik und besonders die Entstehung der »Chaostheorie« lassen uns begreifen, wie die Gesetze mit der spielerischen Dimension der Natur koexistieren. Wir verstehen auch, daß beide Pole – »Zufall« und »Notwendigkeit« – für das Erfinderische und das Kreative der Welt unerläßlich sind.

Die Gesetze haben nicht die Aufgabe, eine unausweichliche Zukunft festzulegen. Ihre Exekutivgewalt reicht dazu auf lange Sicht einfach nicht aus. Ausgehend vom gegenwärtigen Zustand, entwickeln sie allenfalls eine Menge von Möglichkeiten, die allesamt mit der geltenden Gesetzgebung im Einklang sind. Jenseits des Vorhersagehorizonts erstrecken sich die Räume der Freiheit.

Wenn eine dieser Möglichkeiten Realität wird, führt sie ihrerseits zu einer neuen Menge. Diese Mengen bilden ineinander geschachtelte baumartige Strukturen, so daß die Zahl der möglichen Ereignisse ins Unendliche wächst und diese praktisch unvorhersehbar werden.

Auf solchen Ereignisabfolgen, an denen sowohl die Gesetze als auch der Zufall teilhaben, beruht die Jungfräulichkeit und Lebendigkeit des Heute. Durch diese subtile Wechselwirkung haben beide Pole an der Entwicklung der Welt teil.

Nimmt man die Welt also in ihrer wirklichen Komplexität wahr, dann ist sie weder mit dem schmucken Schauplatz der Planetenbahnen gleichzusetzen, an dem die »Gelehrten« der Aufklärung so hingen,[51] noch mit dem sterilen Wirrwarr der Planetenoberflächen, die mit den Narben von Meteoriteneinschlägen übersät sind. Eher wird man in ihr die Palette eines einfallsreichen Malers sehen, der unablässig neuartige Effekte hervorzaubert.

6.
Die Thermodynamik und der Flug der Schmetterlinge

Das fünfte Kapitel hat gezeigt, daß die Entwicklung der Chaostheorien uns in die Lage versetzt, den Sinn der Worte Demokrits zu erhellen. Zufall und Notwendigkeit, die sich scheinbar ausschließen, können nicht nur nebeneinander existieren, sondern treten in Wechselwirkung miteinander, um die Mannigfaltigkeit der Welt und die Lebendigkeit des Heute zu erzeugen.

In diesem sechsten Kapitel soll gezeigt werden, daß uns die Entdekkung der Expansion des Universums in die Lage versetzt, das muntere Spiel unserer Schmetterlinge mit neuen Augen zu sehen.

Die Physiker des 19. Jahrhunderts sahen für das Universum eine düstere Zukunft voraus. Damals hielt ein neuer Begriff, die »Entropie«, Einzug in die Wissenschaftssprache.

Wir wollen hier von diesem vielfältigen und schwierigen Begriff nur einen Aspekt festhalten: Die Entropie ist ein Maß der Unordnung, genauer: der Abwesenheit von Organisation in einer gegebenen Substanz. In bezug auf das Universum behauptet die Thermodynamik, daß *die Entropie der gesamten kosmischen Materie unablässig zunimmt*.

Aus diesem Begriff und diesem Gesetz sind voreilige Schlußfolgerungen gezogen worden, auf die sich eine pessimistische Weltsicht lange berufen hat. Über kurz oder lang, behauptete man, seien die »Heute« unwiderruflich zum Untergang verurteilt. Der unentrinnbare Niedergang des Kosmos bedeute, daß irgendwann *nichts mehr geschehen wird*.

Diese düsteren Vorhersagen sind durch die Entdeckung der Expansion des Universums fraglich geworden. Wenn man zudem die Wirkung der Schwerkraft auf die erkaltende kosmische Materie in Rechnung stellt, gelangt man zu einer angemesseneren Beurteilung der kosmischen Bedingungen, die dem Universum noch ein langes Leben sichern. In diesem Teil des Buches möchte ich zunächst drei verbreiteten Ansichten entgegentreten, die angeblich auf den Erkenntnissen der Thermodynamik beruhen.

Das Leben ist keine Ausnahme von der »Entropieregel«

Es ist unschwer zu erkennen, daß die lebende Materie höher organisiert (weniger entropisch) ist als die tote Materie, aus der sie in den Anfängen unseres Planeten hervorging. Daraus wurde vorschnell gefolgert, daß das Leben mit den Gesetzen der Thermodynamik nicht zu vereinbaren sei. Die Lebewesen wären demnach Ausnahmen von der Regel wachsender Entropie.

Diese Auffassung läuft darauf hinaus, daß das Leben ein äußerst unwahrscheinliches Phänomen ist, praktisch ein »Wunder«. Seine Unwahrscheinlichkeit hat man als Argument gegen die Existenz außerirdischer Zivilisationen gewendet. »Der Mensch weiß endlich, daß er in der teilnahmslosen Unermeßlichkeit des Universums allein ist, aus dem er zufällig hervortrat«, schreibt Jacques Monod.

Wie verhält es sich wirklich? Das Leben ist mit der Thermodynamik durchaus zu vereinbaren. Der Zweite Hauptsatz der Thermodynamik läßt es zu, daß *in einer Region des Kosmos* Ordnung und Organisation entstehen, vorausgesetzt, diese Region ist nicht nach außen hin abgeschlossen; ein Austausch mit der Außenwelt muß stattfinden. Allerdings wird die Entstehung von Ordnung notwendig überkompensiert *durch eine noch stärkere Zunahme der Unordnung im gesamten Universum*.

Phänomene der Entstehung von Ordnung beschränken sich nicht auf den Bereich der Lebewesen. Es gibt sie auf allen Ebenen der Strukturierung der Materie. Wenn zwei Wasserstoffatome sich mit einem Sauerstoffatom zu einem Wassermolekül verbinden, wird Organisation erzeugt (das Molekül ist »organisierter« als die freien Atome). Diese chemische Reaktion ist mit der Emission von Lichtphotonen verbunden. Diese Photonen entfernen sich in den intergalaktischen Raum. Für das Universum stellen sie ein Mehr an »Unordnung« dar.[52] Durch diese Emission wird dem Zweiten Hauptsatz Rechnung getragen. Wäre das Universum statisch (ohne Expansion), würden die Photonen das All fortgesetzt aufheizen und damit die Zukunft des Lebens gefährden. Diese Gefahr wird durch die Expansion ausgeschaltet. Wir werden auf diesen Punkt noch einmal zurückkommen.

Zu ganz ähnlichen, wenn auch weit komplexeren Phänomenen kommt es, wenn das Leben in Erscheinung tritt und wenn die Schwalben sich beim Sonnenuntergang über dem Dorfteich von Malicorne tummeln. Alle lebenden Organismen setzen Wärme frei. Diese thermische Energie gelangt in Gestalt infraroter Strahlen in die Weite des Weltalls und zollt auf diese Weise der Entropieregel ihren Tribut. Das Leben ist keine Ausnahme von den Gesetzen der Thermodynamik. Sein Erscheinen ist nicht »wunderbarer« (aber auch nicht weniger wunderbar) als die Bildung von Wasser.

Das Leben ist nicht zum Untergang verurteilt

Unser heutiges Universum ist bei weitem nicht isotherm (überall von gleicher Temperatur). Zwischen dem Innersten der Sterne – das Millionen, ja Milliarden Grad heiß sein kann – und dem interstellaren Raum – er ist weniger als drei Grad über dem absoluten Nullpunkt »warm« – finden wir die ganze Bandbreite von Temperaturen.

Als die Thermodynamik entdeckt wurde, meinte man voreilig, diese Temperaturunterschiede müßten sich zwangsläufig verringern und schließlich verschwinden. Irgendwann in der Zukunft würde die kosmische Materie überall die gleiche Temperatur erreichen, und damit wären alle Energien des Kosmos nicht mehr nutzbar. Das Universum wäre unwiderruflich zum »Wärmetod« verurteilt.

Die heutige Astronomie vermittelt uns das geradezu entgegengesetzte Bild vom Universum. Die Materie ist von einem Zustand fast vollständiger Isothermie vor fünfzehn Milliarden Jahren zu dem heutigen Zustand übergegangen, der durch erhebliche Temperaturunterschiede gekennzeichnet ist. Was haben die Pioniere der Thermodynamik übersehen?

Es ist die grundlegende Rolle der Schwerkraft in der Thermodynamik des Universums, die man recht spät erkannt hat.[53] Diese Rolle macht sich bei den Sternen bemerkbar. In der Ursuppe gab es keine Sterne. Sie entstehen dadurch, daß die Schwerkraft auf die galaktischen Nebel einwirkt, so daß diese sich zusammenziehen und aufheizen. Dank dieser zahllosen Einbrüche geht das Universum immer mehr von seiner ursprünglichen Isothermie ab. Heute sind es Milliarden Grad, welche die stellaren Schmelzöfen von den durch den Raum ziehenden erkalteten Himmelskörpern trennen.

Auch dies hat nichts Außergewöhnliches, nichts Wunderbares an sich. Es ist gerade das Entropiegesetz, auf die Expansion des Universums angewandt, das verantwortlich ist für das Entstehen der Temperaturunterschiede, die wiederum für das Entstehen des Lebens und der Lebendigkeit des Heute so wesentlich sind.

Man kann nicht sagen, daß das Universum unausweichlich einem Zustand maximaler Unordnung entgegengeht

Dritte anfechtbare Behauptung: Das Universum sei auf jeden Fall, selbst dann, wenn es nicht dem Wärmetod entgegengeht, durch das Gesetz der globalen Zunahme der Unordnung zum Untergang verurteilt.

Diese Idee beruht auf der Vermengung von zwei Behauptungen. Die eine: Alle »Ereignisse« des Universums – etwa der langsame Gleitflug der Fischreiher über den Sümpfen – können *nur dann* »eintreten«, wenn sie zur Entropie des Universums beitragen; die andere: Irgendwann wird die Entropie ihren maximalen Wert erreicht haben und nicht mehr zunehmen können. Schlußfolgerung: Zu diesem Zeitpunkt wird es keine »Ereignisse« mehr geben können.

Die erste Behauptung ist richtig. Die zweite träfe zu, wenn das Universum (wie man früher geglaubt hat) statisch wäre. Für ein sich ausdehnendes Universum trifft sie nicht mehr zu.

Wir können das Universum mit einem Becken vergleichen, in das Wasser gegossen wird. Ein »normales« Becken wird zwangsläufig irgendwann voll sein. Diesem normalen Becken entspricht das Bild eines Universums, das eines Tages seine *maximale Entropie* erreichen könnte. Das wäre der Fall, wenn das Universum statisch wäre (vgl. Abb. auf S. 102).

Man kann sich indes auch ein anderes Becken vorstellen, das, mit verschiebbaren Wänden versehen, sein Volumen laufend vergrößern könnte. Ein solches Becken würde niemals überlaufen, sondern immer das hineingegossene Wasser aufnehmen können.

Eine genaue Erforschung der Eigenschaften der Schwerkraft zeigt, daß das expandierende Universum sich nicht wie ein normales, sondern wie unser zweites Becken verhält. *Es kann seine Entropie endlos erhöhen.* Eine eingehende Beweisführung findet man im Anhang *(Anhang 2)*.

Diese Fähigkeit, unbegrenzt ihre Entropie zu steigern, garantiert die Lebensfähigkeit der Welt. Dank ihrer vermag das Universum in jedem Augenblick die Jungfräulichkeit der »Heute« und die Lebendigkeit des Fluges der Schmetterlinge über den Rapsfeldern zu bewahren.

Die Schmetterlinge und die Expansion des Universums

Wir wollen jetzt eingehender die engen Beziehungen zwischen der Expansion des Universums und dem Anwachsen der Komplexität untersuchen. Dieses Thema habe ich in *Die kosmische Uhr* recht ausführlich behandelt. Um unsere Diskussion über die Jungfräulichkeit des Heute weiterführen zu können, werden wir kurz darauf zurückgreifen müssen.

Die alten Griechen waren, soweit wir wissen, die ersten, welche mittels Beobachtung und wissenschaftlicher Theorie die Natur befragt

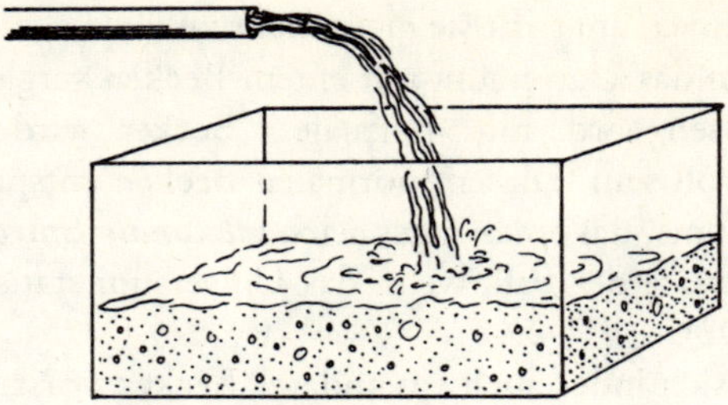

So wie ein normales Becken, in das man Wasser füllt, am Ende voll ist, würde ein statisches Universum am Ende seinen Zustand maximaler Entropie erreichen.

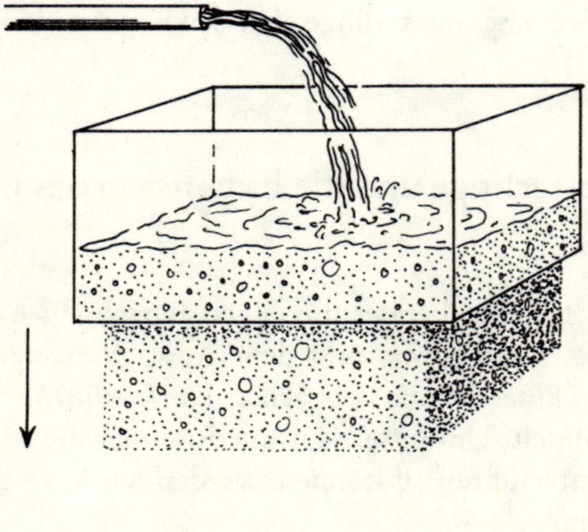

So wie ein Becken mit verschiebbarem Boden nicht voll werden kann, so erreicht ein expandierendes Universum nie seine maximale Entropie.

haben. Stellen wir uns vor, Aristoteles, einer der Pioniere dieses Unternehmens, käme wieder und würde uns fragen: »Was wissen Sie über die Natur, was wir zu unserer Zeit nicht gewußt haben? Was haben Sie, seit wir auf Erden wandelten, dazugelernt?«

Es wäre einfach, aber unannehmbar, ihm die Bücher vorzulegen, die zu Millionen in den wissenschaftlichen Bibliotheken ruhen. Versuchen wir also, in wenigen Worten zusammenzufassen, was wir heute darüber wissen, wie die Materie strukturiert ist.

Wir könnten Aristoteles in zwei Sätzen antworten: 1. »Die Natur ist strukturiert wie eine Sprache«; 2. »Die Pyramide der Komplexität wird im Laufe einer langen Geschichte aufgebaut.«

Die Natur ist strukturiert wie eine Sprache

Mit der (Schrift-)Sprache tauchen die Buchstaben, die Wörter, die Sätze, die Absätze, die Kapitel, Bücher und Bibliotheken auf. Das Grundrezept liefert die Kombinatorik. Die Wörter sind Kombinationen von Buchstaben, und durch die Kombination von Wörtern entstehen Sätze.[54]

Hier taucht nun ein grundlegender Begriff auf: die »emergente Eigenschaft«. Die Kombination der Buchstaben in einer bestimmten Reihenfolge läßt etwas »Neues« hervortreten, das in den einzelnen Elementen, für sich genommen, nicht vorhanden war. Das Wort »schwarz« evoziert eine Vorstellung, mit der die einzelnen Buchstaben, aus denen es sich zusammensetzt, nichts zu tun haben. Es sind nicht die Buchstaben als solche, sondern es ist ihre Zusammenfügung in der gegebenen Anordnung, welche diese Vorstellung »entstehen«, »emergieren« läßt. Der Sinn eines jeden im Wörterbuch vorkommenden Wortes ist eine »emergente Eigenschaft«, eine Eigenschaft, die nach Regeln, welche sowohl historische Überlieferung als auch gesellschaftliche Konvention sind, aus dieser Kombinatorik hervorgeht.

Diese emergenten Eigenschaften treten auf allen Ebenen auf. Der Sinn des Satzes »Die Nacht ist schwarz« entsteht aus der Verknüpfung von Wörtern nach den Regeln der Syntax und Grammatik. Mit der Verknüpfung von Sätzen entsteht wiederum ein Sinn, der noch umfassender ist, eine Botschaft von noch größerer Amplitude.

Die Schriftsprache läßt sich darstellen als eine Pyramide von übereinander angeordneten »Alphabeten« (Buchstaben, Wörter, Sätze, Absätze usw.). Jedes Element einer bestimmten Stufe besteht aus Elementen der darunter liegenden Stufe und wird zum Bestandteil der Elemente der darüber liegenden Stufe. Die Wörter sind in diesem Sinne die »Buchstaben« der Sätze, die Sätze die »Buchstaben« der Absätze usw. Das Grundprinzip dieser Konstruktion ist, wie gesagt, die Kombinatorik, der emergente Eigenschaften innewohnen.

Unsere erste Aussage: »Die Natur ist strukturiert wie eine Sprache« besagt, daß die Natur in der gleichen Weise funktioniert. (Der Einfachheit halber spreche ich hier nur von der Schriftsprache.) Wir können feststellen, daß die Natur dieses Rezept (die Schrift), das von den Menschen vor fünf- bis sechstausend Jahren erfunden wurde, seit fünfzehn Milliarden Jahren benutzt.

Es ist das Verdienst der Chemiker, daß sie diese Funktionsweise der Natur als erste auf der Ebene der Atome und Moleküle entdeckt haben. Lavoisier, Dalton, Gay-Lussac und viele andere haben im 18. und 19. Jahrhundert gezeigt, daß die Moleküle vergleichbar sind mit Wörtern, deren Buchstaben die Atome sind.

Die Hauptleistung der Chemiker bestand darin, die Liste der chemischen Elemente zu erstellen, aus denen alle natürlichen Substanzen sich zusammensetzen, also das *Alphabet der Atome* zu identifizieren. Diese Liste enthält etwas mehr als hundert Atome. Man ordnet diese Elemente üblicherweise in einer Tabelle an, die als »periodisches System« bezeichnet wird. In den Labors und Hörsälen der Lehranstalten hängt diese Tabelle an den Wänden.

Um die Buchstaben eines Wortes zusammenzuhalten, macht die Natur von den ihr zur Verfügung stehenden Kräften Gebrauch. Die Atome werden durch die *elektromagnetische Kraft* zu Molekülen »zusammengeschweißt«. Diese Kraft ist, wie ihr Name andeutet, für alle elektrischen und magnetischen Erscheinungen verantwortlich. Sie beherrscht alle chemischen Reaktionen und alle Manifestationen des Lichts.

Zu Beginn unseres Jahrhunderts gingen die Physiker in ähnlicher Weise vor wie die Chemiker. Wenn die Atome die Buchstaben der Moleküle sind, dann sind sie ebenfalls Wörter für ein anderes Alphabet: die Nukleonen. Es gibt mehrere Arten von Nukleonen. Aus zweien von ihnen, den Protonen und den Neutronen, setzen sich die stabilen, in der Natur vorkommenden Kerne zusammen.

Der Kohlenstoff zum Beispiel (genauer, der von einem Schwarm von Elektronen umgebene Atomkern des Kohlenstoffs) setzt sich aus 6 Protonen und 6 Neutronen zusammen. Das Eisen besteht aus 26 Protonen und 30 Neutronen. Das Uran aus 92 Protonen und – je nach der Unterart – etwas mehr als 140 Neutronen. Wir kennen heute über tausend verschiedene Kerne, in denen Protonen und Neutronen in einem bestimmten Verhältnis miteinander kombiniert sind. Das Bindemittel zwischen den »Buchstaben« ist hier die Kernkraft, welche die Protonen und Neutronen im Kern zusammenhält.

Die Nukleonen sind wiederum Wörter im Verhältnis zu Bestandteilen, die man *Quarks* nennt. Von diesen Teilchen gibt es sechs verschiedene Arten, von denen aber nur zwei stabil sind: das Quark *u* und das Quark *d*. Das Proton setzt sich praktisch aus zwei *u*-Quarks und einem *d*-Quark zusammen, das Neutron aus einem *u*-Quark und zwei *d*-Quarks. Auch hier ist die Kernkraft wirksam. Sie schweißt die Quarks in den Nukleonen ebenso zusammen wie die Nukleonen im Kern.

Die 26 Buchstaben des Alphabets sind definitionsgemäß elementar. Sie sind keine »Wörter« im Verhältnis zu einem anderen Alphabet. Wie verhält es sich mit den Quarks, den Elektronen? Man glaubt, ohne aber Gewißheit zu haben, daß diese Teilchen elementar sind. Aufschluß könnten uns darüber Teilchenbeschleuniger geben, die stärker sind als die bislang verfügbaren.

Die Biologen haben das Ihre zur Erforschung der Pyramide der Komplexität beigetragen, indem sie die fundamentale Bedeutung der Zellen für die lebenden Organismen klärten. Um die unendliche Vielfalt der Pflanzen und Tiere zu buchstabieren, reicht ein Alphabet aus rund zweihundert Zellarten aus. Die Biochemie zeigte dann, daß diese Zellen wiederum ein Alphabet von Riesenmolekülen (Proteine, DNS usw.) enthalten. Für den Zusammenhalt und das Funk-

Die Natur ist strukturiert wie eine Sprache.

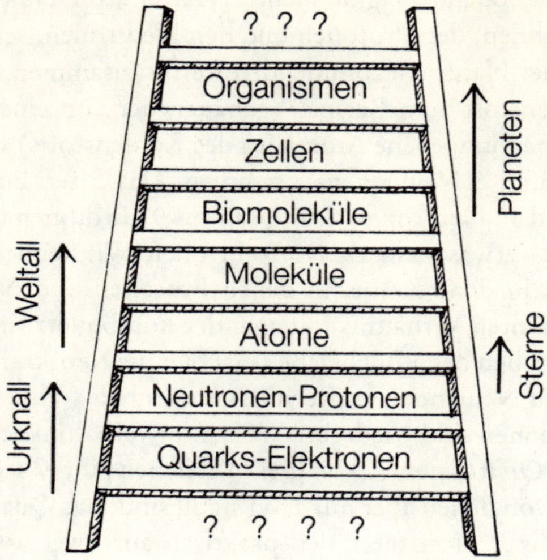

Die Pyramide wird im Lauf der Zeit errichtet.

tionieren der Zellen und Organismen sorgt die elektromagnetische Kraft.

Analog zur Pyramide der Schriftsprache (Buchstaben, Wörter, Sätze, Absätze, Kapitel usw.) kann man heute die Pyramide der übereinander angeordneten Alphabete der Natur errichten.

Ganz unten ist der Bereich der Kernkraft, die für die Kombination der Quarks zu Nukleonen und der Nukleonen zu Kernen verantwortlich ist. Auf den höheren Stufen kommt man in den Bereich der elektromagnetischen Kraft, die über die Bildung und das Funktionieren der Moleküle, Zellen und Organismen wacht.

Warum eine Pyramide? *Nur ein Bruchteil der kosmischen Materie* ist in irgendeiner Weise organisiert. Je höher wir die Pyramide hinaufsteigen, desto geringer wird dieser Bruchteil. So macht etwa die Gesamtmasse aller lebenden Organismen nur einen winzigen Bruchteil der Masse der Erde aus. Fast das gesamte Universum befindet sich auf den unteren Stufen der Pyramide. Man kann darin eine Manifestation der im vorigen Abschnitt beschriebenen »Entropieregel« sehen. Der höhere Organisationsgrad der Materie in einem Teilgebiet wird zwangsläufig damit bezahlt, daß die Desorganisation im ganzen zunimmt. Es ist nicht möglich, daß sich das gesamte Universum in menschliche Gehirne verwandelt...

Soweit die Erläuterung unserer ersten Kernaussage: »Die Natur ist strukturiert wie eine Sprache.«

Der Aufbau der Pyramide

Die zweite Kernaussage unserer Botschaft an die Pioniere der Wissenschaft verdanken wir astronomischen und kosmologischen Untersuchungen. Sie lautet: »Die Pyramide der Komplexität wird im Laufe der Zeit aufgebaut.«

Was uns auf die richtige Spur gebracht hat, war die Entdeckung, daß die Galaxien sich in einer bestimmten Richtung bewegen. Daraus ergibt sich das Bild eines Universums, das nicht, wie man lange geglaubt hat, statisch ist, sondern eine Entwicklung aufweist. Die Galaxien entfernen sich voneinander. Sie müssen also einmal näher beieinander gewesen sein.

Dank unserer physikalischen Erkenntnisse können wir aus der Beobachtung, daß die Galaxien auseinanderstreben, Rückschlüsse bezüglich der Vergangenheit ziehen und die Bedingungen im frühen Kosmos rekonstruieren. Je weiter wir zurückgehen, desto dichter, heißer und heller wird er. Die Bestätigung liefert uns die vor fünfzehn Milliarden Jahren ausgesandte »Hintergrundstrahlung«.

Anhand dieser Strahlung können wir uns vom Zustand des Universums in jener fernen Vergangenheit ein Bild machen. Die gesamte Materie ballt sich auf der untersten Stufe unserer Pyramide, der Stufe der Elementarteilchen. Die höheren Stufen sind leer.

Heute dagegen sind alle Stufen der Pyramide besetzt. Die entsprechenden Strukturen – Nukleonen, Atome, Moleküle, Zellen und Organismen – sind nach und nach entstanden. Die Geschichte des Universums läßt sich beschreiben als Aufstieg der Materie zu den höheren Stufen.

Die einzelnen Wissenschaften erzählen jeweils ein bestimmtes Kapitel dieser Geschichte. Die Physik beschreibt, wie im Urbrei die Nukleonen entstehen. Sie erzählt, wie unter der Ägide der Schwerkraft die Sterne geboren werden und wie im Inneren dieser glühenden Himmelskörper die Atomkerne verschmelzen. Die Chemie versucht zu erklären, wie sich im interstellaren Raum sowie in der Atmosphäre und im Urmeer der Erde die Moleküle bilden. Die Biologie leistet das Ihre auf den höheren Stufen der Pyramide, die von den Zellen und den vielzelligen Organismen bevölkert sind. Auf diese Weise haben die Naturkräfte im Laufe einer langen Geschichte im Himmel und auf der Erde die Pyramide der kosmischen Organisation errichtet.

Gleichgewichte sind steril

Es fehlt uns noch ein wichtiges Element, um die Organisationsweise der Materie angemessen zu beschreiben. Die Rolle der Naturkräfte besteht, wie wir gesehen haben, darin, die Strukturen des Kosmos »zusammenzuschweißen« und die Vielfalt der Formen hervorzubringen. Das Ergebnis ihres Wirkens hätte indes auch ganz anders ausfallen können: eine sterile, eintönige Welt ohne die geringste Verschiedenheit. Welches sind die Bedingungen, die *Mannigfaltigkeit* statt *Eintönigkeit* bewirken?

Wenn die Kernkraft ihren »Traum« verwirklichen könnte, würde sie die gesamte Materie in Eisen verwandeln. Jede Substanz – ob Wasserstoff, Uran oder Erdbeerkonfitüre –, auf die diese Kraft ihr gewaltiges

Kohäsionsvermögen bis an seine Grenzen einwirken ließe, würde unausweichlich zu Eisen.

Ließe man nun der elektromagnetischen Kraft freie Hand, so gäbe es auf unserer Erde keine Proteine, keine DNS und kein Leben. Man fände lediglich einfache Moleküle (Wasser, Kohlendioxid, Methan, Ammoniak) und die Atome der Edelgase (Helium, Neon, Argon usw.).

Unter der unbegrenzten Einwirkung der Schwerkraft würden Sterne und Galaxien sich zu »Schwarzen Löchern« zusammenziehen, toten, in sich gekrümmten Himmelsobjekten.[55]

Hätten die Naturkräfte ihre Fähigkeiten, die Materie zusammenzuschweißen, bis an ihre Grenzen ausspielen können, sähe das Universum ganz anders aus. Es gäbe kein Heute, keine Ereignisse, keine stahlblauen Libellen über der grünen Landschaft.

Das Bild des ganz frühen Universums ist ein eintöniges Bild. Ein homogener Brei von Elementarteilchen. Später tritt dann die Kernkraft in Aktion und erzeugt eine Vielzahl von Atomkernen. Noch später macht sich dann die elektromagnetische Kraft ans Werk und »pfropft« diesen Atomen die unendlich viel reichere Vielfalt der natürlichen Moleküle auf. Heute, fünfzehn Milliarden Jahre später, läßt sich mühelos feststellen, daß diese Kräfte nicht »freie Hand« gehabt haben. Sie haben ihre Fähigkeiten nicht ausgeschöpft. Die von ihnen ausgehenden Gefahren für den Reichtum des Universums sind nicht Wirklichkeit geworden. Warum?

Weil das Universum expandiert! Eine statische, unwandelbare Welt wäre *zwangsläufig* monoton. Die »Träume« der Naturkräfte hätten hundertfach, tausendfach, millionenfach Zeit gehabt, sich zu verwirklichen.

Kristallisationsformen

Dieser fundamentale Punkt soll durch ein paar einfache Experimente erläutert werden.

Wir lassen eine warme übersättigte Salzlösung in einem Glas abkühlen. *Bei rascher Abkühlung* findet man am Boden des Glases ein Gewirr dünner, zerbrechlicher Nadeln. Von der Seite mit polarisiertem Licht angestrahlt, lassen sie einen schillernden Regenbogen entstehen.[56]

Machen wir den Versuch noch einmal mit einer raschen Abkühlung. Wieder bilden sich Nadeln, diesmal aber mit anderen Mustern. Die Vielfalt der möglichen Formen ist unerschöpflich. Niemals wiederholen sich die gleichen Muster.

Jetzt eine andere Versuchsreihe. Wir lassen das Salzwasser in einem Wasserbad *so langsam wie möglich* abkühlen. Es entsteht ein Salzblock, der sich vollkommen der Form des Glases anschmiegt. Polarisiertes Licht kann ihm keine schillernden Farben entlocken. Wir können diesen Versuch hundertmal, tausendmal wiederholen, immer wieder entsteht vollkommen vorhersehbar und vollkommen eintönig derselbe Block. Nichts mehr von den ständig neuen Formen der ersten Versuchsreihe!

Warum hat die Geschwindigkeit der Abkühlung einen solchen Einfluß auf das Ergebnis? Bei langsamer Abkühlung (zweite Versuchsreihe) können die Atome *in aller Ruhe* die Plätze auf den sich bildenden Kristallen besetzen. Unregelmäßigkeiten werden ausgeglichen, Lücken geschlossen. Die Oberflächen sind glatt, und es entsteht zwangsläufig der vorhersehbare Salzblock. Man sagt von den Reaktionen, sie seien im *Gleichgewicht:* Was überhaupt eintreten *kann, hat Zeit,* einzutreten.

Bei rascher Abkühlung kommt es dagegen zu einer lawinenartigen Reaktion. Die Atome lagern sich an, wo sie nur können. In ihrer Hast lassen sie Vorsprünge entstehen, die nicht geglättet werden, und Lükken, die nicht geschlossen werden.

Die Bildung der Kristalle können wir mit dem Auftreten der ersten Atomkerne im sich abkühlenden Universum vergleichen. Bei den ursprünglich sehr hohen Temperaturen gibt es nur Elementarteilchen. Hätte das Universum sich langsam abgekühlt, wäre die kosmische Materie ewig im Gleichgewichtszustand geblieben. Die Naturkräfte wären dann bis an die Grenzen ihrer Möglichkeiten gegangen. Sie hätten Zeit gehabt, alles zusammenzuschweißen. Das Universum wäre ewig monoton geblieben.

Wenn der Kolben im Zylinder eines Automotors zurückweicht, sinkt die Temperatur im Zylinder. Auch das Universum kühlt sich in dem Maße ab, wie es sich ausdehnt. Diese Expansion verläuft, wie Beobachtung und Theorie zeigen, *zu schnell*, als daß Gleichgewichtszustände sich erhalten könnten. Die Kräfte haben keine Zeit, bis an die Grenze ihrer Fähigkeiten zu gehen. Es gibt zwar Eisen, aber es ist sehr selten: Heute kommt nur ein Eisenatom auf über hunderttausend Wasserstoffatome. Die Aktivität der Sterne läßt deren Zahl noch wachsen, wenn auch immer langsamer. Einen Kosmos aus reinem Eisen wird es höchstwahrscheinlich niemals geben.[57]

Das Universum ist durch die Geschwindigkeit, mit der es sich abkühlte, vor dem sterilen Gleichgewicht bewahrt worden. Die dadurch erzeugten Ungleichgewichte lassen dem Kosmos die Möglichkeit, an Glanz und Vielfalt zu wachsen. Sie sind die Hüter des Unvorhersehbaren, des Neuen und des Heute. Sie ermöglichen es, daß die Zugvögel in großen Schwärmen aufbrechen, wenn die ersten Vorzeichen des Herbstes wiederkehren.

7.
Die Schmetterlinge und der Pfeil der Zeit

In den beiden letzten Kapiteln haben wir die neue Sichtweise beschrieben, mit der die Wissenschaft an die reale Welt herangeht. Mit der Ausbildung der »Theorien des deterministischen Chaos« werden, wie wir gesehen haben, zwei Begriffe miteinander versöhnt, die auf den ersten Blick unvereinbar erscheinen: »Zufall« und »Notwendigkeit«. Wir verstehen jetzt besser, wie diese beiden Elemente sich verschränken und gegenseitig befruchten und dadurch die Kreativität der Natur hervorbringen.

Mit der Entdeckung der Expansion des Universums hat sich zugleich unsere Sicht der Zukunft und des Schicksals der kosmischen Komplexität geändert. Die Thermodynamik liefert uns, nachdem die Expansion in sie einbezogen wurde, eine ganz andere Vorstellung von der Bedeutung der Zeit in der Geschichte des Universums. Wenn wir nach der Jungfräulichkeit des Heute und seiner Zukunft fragen, gerät eindeutig die »Zeit« ins Zentrum unserer Überlegungen. Ihr soll dieses siebte Kapitel vollständig gewidmet sein.

»Ich glaube zu wissen«, sagte Augustinus, »was die Zeit ist, wenn man mich nicht danach fragt. Wenn man mich danach fragt, weiß ich nichts mehr.«

Man pflegt zwischen verschiedenen Arten von »Zeit« zu unterscheiden. Da ist zunächst die »intuitive Zeit«, die wir körperlich erleben und – wie der heilige Augustinus – so schwer definieren können. Da ist außerdem die »Zeit des Physikers«, die er in seine Gleichungen einführt, um das Verhalten der Materie, die den Gesetzen der Natur unterworfen ist, wiederzugeben. Da ist schließlich die »kosmologische Zeit«, die Zeit des Urknalls und der Entwicklung des Kosmos. Wir werden sehen, daß es schwierig ist, diese Begriffe auf einen Nenner zu bringen.

Eine grundlegende Schwierigkeit hängt mit der »Umkehrbarkeit der Zeit« zusammen. Dieser schwer faßbare Begriff wird im folgenden anhand geeigneter Beispiele erläutert werden.

Platon erzählt im *Politikos*, daß unter Kronos, dem Vater des Zeus, die Bahnen der Gestirne umkehrbar waren und sich bald in die eine, bald in die andere Richtung bewegten. Was Anfang war, konnte zum Ende werden, und umgekehrt.

Die Zeit des Physikers ist »umkehrbar« wie die des Kronos. Die Gleichungen der Physik können nicht zwischen Gegenwart und Zukunft unterscheiden.

Doch zwischen dieser Zeit der Physik und der Zeit, die wir intuitiv erleben, besteht ein fundamentaler Unterschied. Für uns sind Raum und Zeit keineswegs äquivalent. Im Raum sind wir frei. Wir können vorwärts, rückwärts, nach links, nach rechts, nach oben oder nach unten gehen. Bezüglich der Zeit haben wir diese Freiheit nicht. Wir können nicht beschließen, »nach gestern oder nach morgen zu gehen«. Die Zeit nimmt uns unwiderstehlich mit, wie ein fahrender Zug. Von Aussteigen kann keine Rede sein. Wir bewegen uns unentrinnbar aus der Vergangenheit (wo unsere Erinnerungen sind, wo wir nicht mehr handeln können) in die Zukunft (die für alle Möglichkeiten offen ist).

Was wir heute über die Geschichte des Kosmos und seine Entwicklung wissen, vermittelt nicht das Bild von einer umkehrbaren »kosmologischen Zeit«. Das Universum scheint sich, wie unser Körper, eindeutig in eine unabänderliche Richtung zu entwickeln. Wie läßt sich die umkehrbare Zeit der Physik mit den unumkehrbaren Zeiten der Kosmologie und der Intuition in Einklang bringen?

Diese Frage wird unter Physikern und Astrophysikern sehr lebhaft diskutiert. Es geht dabei um einen schwer faßbaren Begriff: den Pfeil der Zeit.

Ich will versuchen, durch eine erfundene Spielszene zu zeigen, um was es geht. Wir werden dann verstehen, wie der Physiker zu der Behauptung gelangen konnte, daß der Pfeil der Zeit, der so tief in unserer Intuition verankert ist, eine Illusion ist. Erst bei näherem Hinschauen werden wir die Schwachstellen der Argumentation erkennen, auf die sich diese Behauptung zu stützen vermeinte. Wir werden dann begreifen, daß die drei »zeiten« dank der in einem expandierenden Universum gegebenen Vorhersagehorizonte in Einklang gebracht werden können.

Die Richtung des Pfeils erkennen

Aus einer Welt, in der es keine Zeit gibt, besucht uns ein (echter!) Außerirdischer. Er möchte verstehen, was dieses Wort bedeutet. Um es ihn konkret erleben zu lassen, wollen wir ihm beibringen, den Pfeil der Zeit korrekt zu identifizieren.

Das Spiel besteht darin, ihm Filmsequenzen zu zeigen. Dabei behalten wir uns die Möglichkeit vor, die Vorführung mit dem Anfang oder dem Ende beginnen zu lassen. Wir nehmen uns vor, ihm die Mittel zu geben, dank derer er erkennen kann, ob die gezeigte Sequenz in der normalen Richtung oder rückwärts abgelaufen ist.

Erste Sequenz: Ein Billardtisch von oben. Von links kommt eine Kugel ins Bild, rollt über die grüne Leinwand und verschwindet auf der rechten Seite.

Anschließend wird dieselbe Sequenz in umgekehrter Richtung abgespielt. Die Kugel kommt von rechts ins Bild und verschwindet auf der linken Seite. Welche ist die »richtige«, und welche ist zeitlich umgedreht?

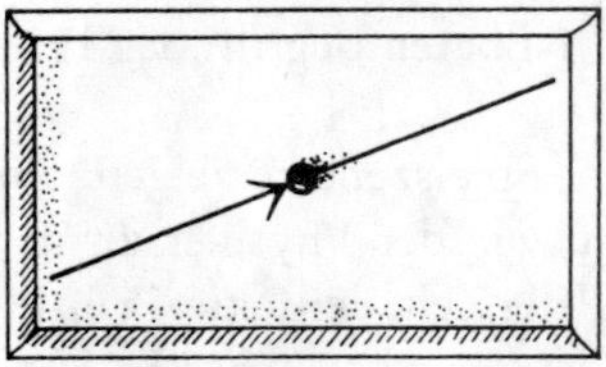

Eine Kugel rollt von links nach rechts über den Billardtisch.

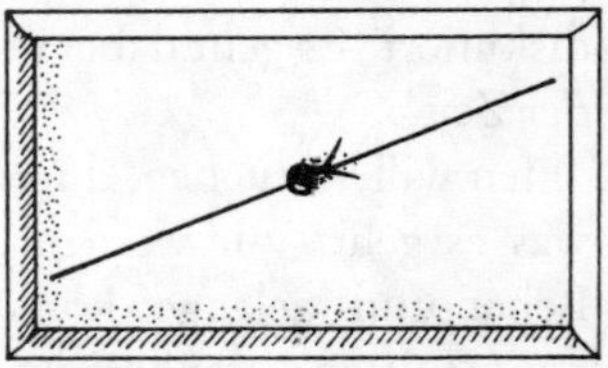

Umgekehrte Sequenz: Die Kugel rollt von rechts nach links.

Aus dieser Sequenz kann unser Besucher nichts entnehmen. Es gibt nichts, woran er die richtige und die umgekehrte Sequenz erkennen könnte. Wir erklären ihm, daß ihr der Pfeil der Zeit nicht einbeschrieben sei. Diese Bewegung ist zeitlich *umkehrbar*: für die Kugel sind Vergangenheit und Zukunft austauschbar. Wie in Platons mythischer Welt kann der Anfang das Ende sein und umgekehrt. Wenn man die Vergangenheit kennt, kennt man die Zukunft.

Nun gehen wir zu einer anderen Sequenz über. Der Rahmen ist derselbe. Zwei Kugeln rollen aufeinander zu, stoßen zusammen und entfernen sich dann in einer anderen Richtung.

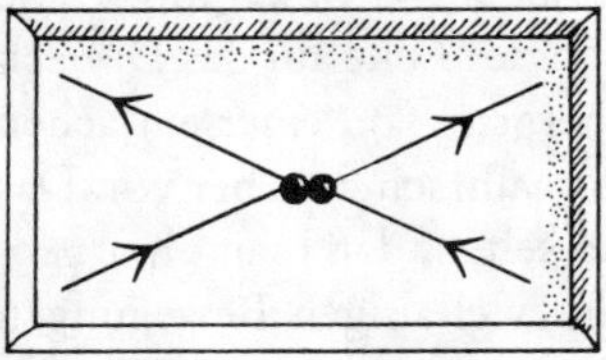

Zweite Sequenz: Zwei Kugeln prallen zusammen.

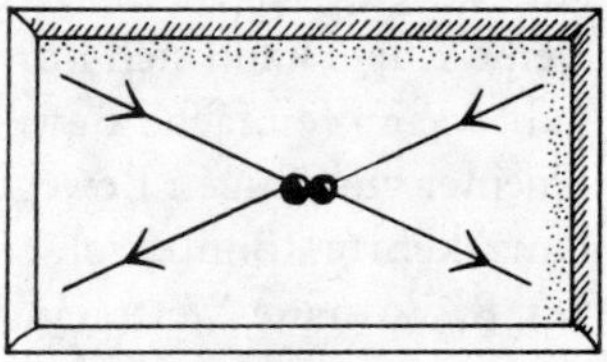

Umgekehrte Sequenz.

In der rückwarts abgespielten Sequenz ist das Szenario unverändert, nur die Richtungen sind umgekehrt. Auch hier sind die Bewegungen umkehrbar. Sie tragen nicht den Pfeil der Zeit.

Eine dritte Sequenz zeigt einen Pool-Billardtisch, auf dem zehn bunte Kugeln in einem Dreieck angeordnet sind.

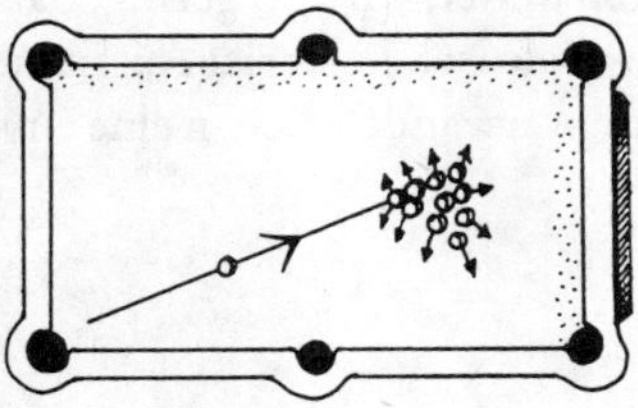

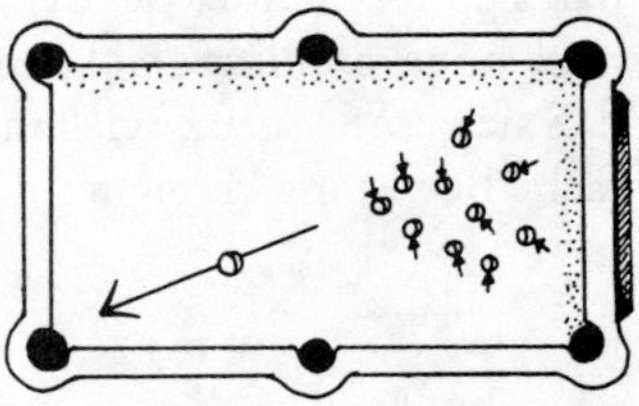

Eine weiße Kugel kommt angerollt, trifft auf das Dreieck und treibt die Kugeln in unterschiedliche Richtungen auseinander. Die rückwärts abgespielte Sequenz zeigt zehn bunte Kugeln, die alle gleichzeitig in eine Ecke des Tisches streben, wo sie, in einem Dreieck angeordnet, zur Ruhe kommen. Von ihnen löst sich eine weiße Kugel, die in die entgegengesetzte Ecke rollt.

Hier fällt die Orientierung nicht schwer. Die erste Sequenz ist offenbar natürlicher, wahrscheinlicher. Gewiß, die zweite ist nicht unmöglich. Eine solche Koordination von Bewegungen könnte sich ereignen. Aber sie kommt uns ziemlich *unwahrscheinlich* vor.

Um es noch anders auszudrücken: Die bunten Kugeln können sich auf tausend Arten im Raum verteilen (vielfältige Bewegung). Die weiße Kugel kann sich nur auf eine Art von der Ecke auf das Dreieck zubewegen (einfache Bewegung). Der Übergang von einer einfachen zu einer vielfältigen Bewegung kommt uns wahrscheinlicher vor. Das Umgekehrte könnte sich ereignen, aber so selten, daß man ohne großes Risiko eine Wette eingehen kann. Aus vielfältigen Bewegungen gehen meistens wieder andere vielfältige Bewegungen hervor. Wir werden daher, um unseren Besucher aufzuklären, von den Wörtern »wahrscheinlich« und »unwahrscheinlich« ausgehen.

Den Abschluß dieser Unterrichtsstunde bildet eine vierte Sequenz. Auf der Leinwand fällt ein Tropfen schwarzer Tinte in ein Glas Wasser. Er löst sich darin auf und verteilt sich gleichmäßig. Das Wasser wird gleichmäßig grau. Wenn unser Schüler die Lektion richtig verstanden hat, wird es ihm nicht schwerfallen, die wirkliche Sequenz von der rückwärts abgespielten zu unterscheiden. Nur geht es hier nicht mehr um elf Objekte (die Kugeln des Pool-Billard), sondern um rund 10 000 000 000 000 000 000 000 000 Moleküle. Die Wahrscheinlichkeit, daß sich spontan wieder der Tintentropfen bildet, wird so gering, daß man sie vernachlässigen kann. Es besteht praktisch keinerlei Aussicht, daß sich die Sequenz »vielfältige Bewegung verwandelt sich in eine einfache Bewegung« ereignet.

Die »komplexen« Ereignisse (Auflösung eines Tintentropfens) sind mit einem Pfeil versehen, die »einfachen« Ereignisse (Kollision von zwei Körpern) nicht. Das sind offenbar die Schlußfolgerungen, die sich aus dieser Diskussion ergeben.

Diese Schlußfolgerungen könnten es uns gestatten, die Zeit der Physik und die Zeit unserer Intuition miteinander in Einklang zu bringen. Die Überlegung wäre folgende. Jedes *komplexe Ereignis* der Realität kann in eine große Zahl von *einfachen Ereignissen* zerlegt werden. Eine Billardpartie ist eine Folge von Zusammenstößen von Kugeln. »Einen Tropfen Tinte auflösen« kann verstanden werden als Abfolge der ungeordneten Bewegungen von Tintenpartikeln in einem Wasserbehälter. »Ein Ei braten« läßt sich auflösen in eine Vielzahl von einzelnen chemischen Reaktionen in einer Bratpfanne.

Isoliert und für sich genommen, ähneln diese einfachen Ereignisse unseren beiden ersten Sequenzen. Sie scheinen nicht mit dem Pfeil der Zeit versehen zu sein. Woher kommt dieser Pfeil, wenn wir das Ereignis *als ganzes* sehen, also die Abfolge dieser einfachen Ereignisse?

Die zuvor betrachteten Sequenzen legen uns eine Antwort nahe. *Der Pfeil der Zeit ist vermutlich nur dem Übergang vom weniger Wahrscheinlichen zum Wahrscheinlicheren einbeschrieben.* In Wirklichkeit sind die komplexen Ereignisse wohl *genauso umkehrbar* wie die einfachen Ereignisse, sie sind nur weniger wahrscheinlich. Wenn es uns gelingt, die richtige Sequenz zu erkennen, dann einfach deshalb, weil uns die Lebenserfahrung gelehrt hat, die wahrscheinlichen Ereignisse von den unwahrscheinlichen zu unterscheiden. Das ist alles. Träfe dies zu, dann wäre die Unumkehrbarkeit der psychologischen Zeit natürlich pure Einbildung.

Ein neuer Schatten auf dem Heute

Dieses »das ist alles« stellt – Sie werden es erkannt haben – ganz unauffällig die Jungfräulichkeit des Heute in Frage. Wenn wir nämlich annehmen, daß die komplexen Ereignisse – mag die Wahrscheinlichkeit der Umkehrung auch gering sein – umkehrbar sind, dann ist die Schlußfolgerung unausweichlich, daß der Zeitablauf nichts Neues erschafft.[58] Das Wort »umkehrbar« besagt ja, daß das, was in der Zukunft liegt, ebensogut in der Vergangenheit hätte sein können.

Unsere Unkenntnis der Zukunft würde, so gesehen, nur auf der *Wahl* des Zustands beruhen, der auf den gegenwärtigen Zustand folgen wird. Auch wenn wir nicht wissen können, was *geschehen wird*, so wäre es uns doch grundsätzlich möglich, all das zu erkennen, was *geschehen könnte*. (So weiß ich zum Beispiel bei einem Münzwurf im voraus, daß das Ergebnis *Kopf* oder *Zahl* sein wird, auch wenn ich nicht weiß, was davon eintreffen wird.) Der Fächer der möglichen Zustände wäre determiniert und erkennbar. Die Zukunft hätte keine Geheimnisse mehr. Die Jungfräulichkeit der Gegenwart wäre illusorisch. Es gäbe in der Welt keinen Platz mehr für die *Kreativität*.

Computer, zu Hilfe!

Gehen wir die Situation noch einmal kritisch durch. Die Argumentation der letzten Absätze beruht auf zwei Behauptungen: 1. Die einfachen Ereignisse sind umkehrbar; 2. die komplexen Ereignisse, die sich aus einfachen Ereignissen zusammensetzen, sind, allem Anschein zum Trotz, ebenfalls umkehrbar.

Stimmt das wirklich? Wir werden auf den folgenden Seiten entdekken, daß beide Behauptungen anfechtbar sind. *In der realen Welt sind weder die komplexen Ereignisse noch die einfachen Ereignisse exakt umkehrbar.* Der erste Einwand greift auf die »Vorhersagehorizonte« und die Chaostheorien zurück, der zweite auf die Expansion des Universums. Diese beiden entscheidenden Elemente werden uns deutlich machen, daß die Behauptungen nicht exakt, sondern nur näherungsweise zutreffen. Dank dieses Näherungscharakters wird die Versöhnung möglich.

Hier greifen wir auf unsere leistungsstarken Computer zurück. Wer hätte gedacht, daß diese treuen, dummen, aber schnellen Diener eines Tages eine philosophische Diskussion unterstützen würden, daß sie helfen würden, das Problem der Freiheit zu erhellen?

Wir kommen noch einmal auf die Sequenz mit dem Tintentropfen zurück. Zunächst stellen wir die Bewegungsgleichungen für die Tintenpartikel zwischen den Wassermolekülen auf. Mit Hilfe des Computers können wir dann die allmähliche Auflösung der Tinte im Wasser rekonstruieren. Das Ergebnis projizieren wir auf einen Bildschirm.

Wie im wirklichen Experiment sieht man die farbigen Partikel, die zunächst auf einen winzigen Tropfen beschränkt sind, sich durch Diffusion in der ganzen Füssigkeit ausbreiten. Der Bildschirm wird grau.

Für die rückwärts ablaufende Sequenz kehren wir jetzt die Bewegung jedes einzelnen Partikels um. »Maschine Volldampf zurück.«

Man könnte meinen, daß die Partikel, wenn sie ihren zuvor zurückgelegten Weg in entgegengesetzter Richtung durchlaufen, auf dem Bildschirm schließlich wieder zu dem ursprünglichen Tropfen zusammentreten. Das geschieht aber durchaus nicht.[59] *Der Tropfen kehrt nicht wieder zurück!* Der Bildschirm bleibt grau (s. die Zeichnung S. 120).

Die Sequenz mit dem Tintentropfen ist, anders als von uns vermutet, nicht umkehrbar. Was ist passiert?

Wir stoßen hier wieder auf das Problem der »Empfindlichkeit für die Anfangsbedingungen«. Unser Computer *könnte* den umgekehrten Weg korrekt berechnen und den Tintentropfen wiederentstehen lassen, wenn wir ihm exakt Position und Geschwindigkeit jedes dieser Partikel eingeben würden. Nun sind aber wegen der riesigen Zahl der wechselwirkenden Körper die Gleichungen der Tintenpartikel *sehr empfindlich* für die Anfangsbedingungen. Ihr Vorhersagehorizont ist äußerst kurz. Er liegt weit vor der Zeit, die für die Wiederherstellung des Tintentropfens erforderlich wäre. Der Bildschirm bleibt für immer grau.[60]

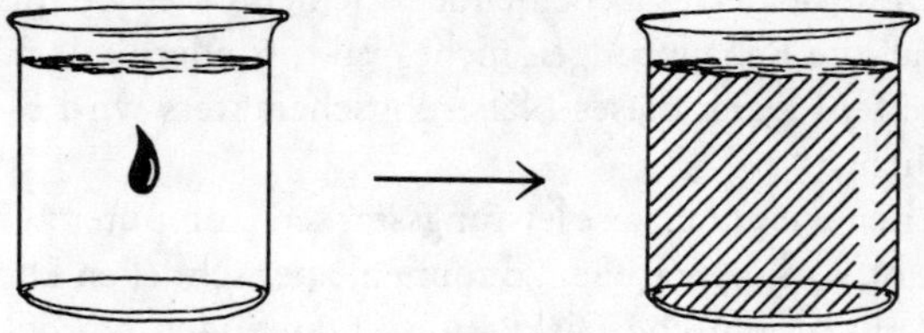

Der Tintentropfen verteilt sich; eine gleichförmige Mischung entsteht.

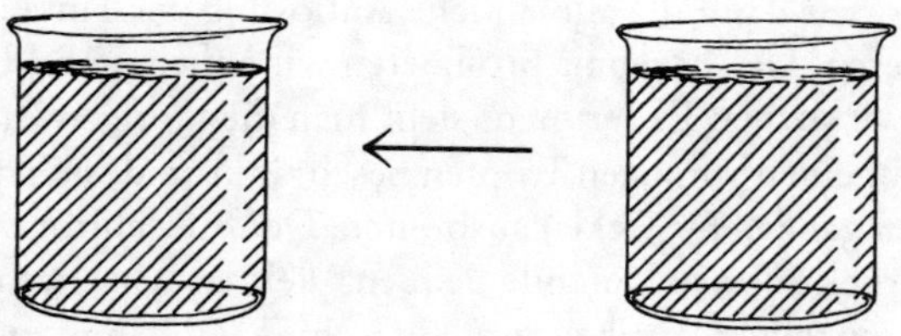

Der Tintentropfen bildet sich nicht zurück.

Der Computer liefert uns den Beweis: Jenseits des Vorhersagehorizonts sind die komplexen Ereignisse der Realität nicht umkehrbar. Die Gleichungen ihrer Bewegungen sind, mögen sie auch noch so »deterministisch« sein, nicht imstande, die Zukunft langfristig vorherzusagen. Ihre Zukunft ist nur *teilweise* in ihrer Gegenwart enthalten.

Diesen Sachverhalt faßt man gern in der Aussage zusammen: *Die Gleichungen sind deterministisch, doch die Lösungen dieser Gleichungen sind es nur näherungsweise. Jenseits des Vorhersagehorizonts sind sie es überhaupt nicht mehr.*[61]

Damit taucht die Frage nach den einfachen Ereignissen wieder auf. Sind sie wirklich umkehrbar? Auch hier lautet die Antwort: nein. Diesmal liegt die Schwierigkeit nicht an den Vorhersagehorizonten, sondern an der Expansion des Universums. Sie wird es uns ermöglichen, die Zeit der Physik mit der Zeit der Kosmologie zu verknüpfen.

Betrachten wir noch einmal aufmerksamer die Sequenz mit den beiden Kugeln, die aufeinander zurollen, zusammenprallen und sich voneinander entfernen.

Für eine vollständige Beschreibung des Ereignisses muß die Tatsache berücksichtigt werden, daß die Kugeln keine bloßen mechanischen Objekte sind. Sie setzen sich aus Atomen zusammen, die mit dem ganzen übrigen Universum wechselwirken. All diese Wechselwirkungen müssen einbezogen werden. Und damit kommt der Pfeil der Zeit hinein.

Wie alle Objekte, emittieren diese Kugeln eine ihrer Temperatur entsprechende Strahlung, die, aus infraroten Photonen bestehend, die Kugel verläßt und in den Weltraum entweicht.

Zu berücksichtigen ist ferner die Hintergrundstrahlung aus Photonen im Millimeterbereich (von weit geringerer Energie als die infraroten Photonen[62]). Die Kugeln nehmen während ihres Laufs diese Photonen auf. Aufgrund der Expansion nimmt während des Laufs die Temperatur des Universums (ganz) geringfügig ab. Am Anfang sind die aufgenommenen Millimeter-Photonen etwas weniger zahlreich und etwas weniger energiereich als am Ende.

Die umgekehrt ablaufende Sequenz weicht von der realen Sequenz ab. Aus dem Weltraum sieht man infrarote Photonen eintreffen, während von den Kugeln immer zahl- und energiereicher Millimeter-Photonen ausgehen. Die beiden Sequenzen sind unschwer unterscheidbar.

In einem isothermen Universum würde es diese Abweichungen übrigens nicht geben. Die (thermalisierten) Kugeln würden in beiden Richtungen die gleiche Strahlung aufnehmen und aussenden. Daß die beiden Sequenzen nicht identisch sind, liegt daran, daß der Weltraum sehr viel kälter ist als die Kugeln. Dieser Temperaturunterschied beruht nun aber auf der Expansion und speziell auf der Entstehung von Ungleichgewichten. In einem Universum im Gleichgewicht ist nichts mit dem Pfeil der Zeit ausgezeichnet.

Wir können jetzt besser verstehen, welche Bedeutung die Expansion des Universums und die Vorhersagehorizonte für die Entstehung von Komplexität haben. Die durch die Wirkung der Vorhersagehorizonte erzeugten Freiheitshoffnungen würden durch die Gleichgewichte, die in einer statischen Welt herrschen würden, unerbittlich zerstört.[63] Nur in Ungleichgewichtssituationen kann die Existenz der Vorhersagehorizonte Neues bewirken. Diese Situationen werden aber durch die Abkühlung des Kosmos erzeugt.

Die Sequenz der Welt

Um zusammenzufassen: Wir haben gelernt, daß der Pfeil der Zeit nicht einfach mit dem Übergang vom weniger Wahrscheinlichen zum Wahrscheinlicheren zusammenhängt. Wir haben erkannt, daß weder die komplexen Ereignisse noch die einfachen Ereignisse der Realität exakt umkehrbar sind. (Um genau zu sein, müßte man sagen, daß es nur komplexe Ereignisse gibt. Die »einfachen« sind nur zum Schein einfach. Dieser Punkt wird im Anhang ausführlicher behandelt.) Die Umkehrbarkeit der Zeit der Physik ist eine *Näherung*, die in der Praxis für sehr kurze Zeitspannen gültig ist.

Eine weitere Filmsequenz wird uns einen spektakulären Beweis dafür liefern. Zunächst sieht man, wahllos über das Bild verstreut, Atome von Kohlenstoff, Stickstoff, Sauerstoff usw., die, wie es bei den Chemikern üblich ist, durch Kugeln von unterschiedlicher Farbe dargestellt sind.

Auf dem zweiten Bild sind die Atome zu kleinen Molekülen zusammengefaßt. Man erkennt darunter Kohlendioxid, Wasser, Alkohol und Formalin, Moleküle, wie sie die Astronomen in den interstellaren Wolken identifizieren.

Das nächste Bild zeigt komplexere Moleküle aus mehreren Dutzend Atomen, darunter Zucker, Fette und Aminosäuren.

Anschließend ist die Doppelhelix der DNS zu erkennen: ein riesiges Gebilde, bestehend aus mehreren Hunderttausend Atomen von Wasserstoff, Kohlenstoff, Stickstoff und Sauerstoff, dazu ein wenig Schwefel und Phosphor.

Nun wimmelt die Leinwand von kleinen lebenden Zellen, die in einem Wassertropfen schwimmen. Jede Zelle ist von einer transparenten Membran umgeben und enthält einen Kern, in dem sich die DNS-

Moleküle befinden. Rings um diesen Kern sind Myriaden von Riesenmolekülen tätig: Proteine usw.

Jetzt erkennen wir einfache kleine Organismen: Schwämme, Quallen, marine Würmer. Auf den folgenden Bildern sind nach und nach Fische, Amphibien, Reptilien, Säugetiere, Hominiden und Menschen auszumachen.

Ist diese Sequenz in der wirklichen oder in der umgekehrten Richtung vorgeführt worden? Welche Antwort müßten wir geben, wenn der Pfeil der Zeit ausschließlich durch den Übergang vom weniger Wahrscheinlichen zum Wahrscheinlicheren markiert würde? Das Plausibilitätskriterium, mit dessen Hilfe wir bei den vorigen Filmen die Richtung korrekt bestimmt haben, würde uns hier sehr in die Irre führen.

Die Schmetterlinge machen den Frühling

Der entscheidende Unterschied besteht in der Dauer. Die Sequenz mit dem Pool-Billard beschreibt ein Ereignis, das wenige Sekunden dauert. Diese Dauer bleibt unterhalb des Vorhersagehorizonts der Bewegung der Kugeln. Die zuletzt betrachtete Sequenz faßt die Evolution des Universums über fünfzehn Milliarden Jahre zusammen (weit über alle Vorhersagehorizonte hinaus). Sie beweist uns deutlich, daß der Zeitablauf im kosmischen Maßstab nicht einfach gleichbedeutend ist mit dem Übergang vom weniger Wahrscheinlichen zu einem wahrscheinlicheren Vorhersehbaren.

In einem Zeitraum von Milliarden von Jahren erlauben die Gesetze der Physik dem Universum, sich zu organisieren, doch lassen sie es nicht zu, die genauen Formen, welche diese Organisation annehmen wird, vorherzusehen. Die Zukunft ist, auch wenn sie ihnen keinen Augenblick den Gehorsam verweigert, nicht implizit in ihnen enthalten.

Die Gesetze zu kennen bedeutet nicht, wie Laplace meinte, eine vorhersehbare Zukunft buchstabieren zu können, sondern es bedeutet, zu wissen, wie eine mit Neuheiten »geschwängerte« Zukunft verwaltet werden wird. Das Schicksal der Welt ist nicht restlos in der Gegenwart enthalten. Die Natur kann sich, ohne den Gesetzen der Physik ungehorsam zu werden, ihrer Lieblingsbeschäftigung hingeben: unbegrenzt Neues schaffen.

Die »jungfräulichen Heutes« bestehen aus neuen Ereignissen, die von der Vergangenheit geprägt, aber nicht determiniert sind. Ihr Eintreten beeinflußt die Zukunft und zieht die Möglichkeit anderer, noch nie dagewesener Ereignisse nach sich. Die Heutes bereiten anderen Heutes den Weg.

Kehren wir, um die letzten drei Kapitel zu resümieren, zu unserem Bild der Schmetterlinge über einem Rapsfeld zurück. Was können wir in der neuen Betrachtungsweise der Wissenschaft über dieses »Ereignis« sagen? Inwiefern war es vorhersehbar, inwiefern entzog es sich der Vorhersage?

Jede Zukunftsvorhersage verlangt zunächst eine Unterscheidung. Bezieht sie sich auf ein spezifisches Ereignis oder auf eine Menge von Ereignissen? Die Aussage »In einem Jahr wird es hier jeden Tag kalt sein« ist beispielsweise sehr viel spezifischer als die folgende: »Die Durchschnittstemperatur der nördlichen Hemisphäre wird sich im nächsten Winter abkühlen«. Über die letztere Behauptung kann man ohne großes Risiko Wetten abschließen. Sie bezieht sich nicht auf einen bestimmten Tag und Ort, sondern auf eine Menge von Orten und Tagen. Die einzelnen Effekte, für sich genommen unvorhersehbar, gleichen sich darin aus und liefern ein vorhersehbares Resultat.

Was können wir über das Erscheinen der Komplexität im Universum sagen? Versetzen wir uns in Gedanken in die Anfänge des Kosmos. Was hätte sich – gestützt auf unsere heutigen Kenntnisse von den Gesetzen der Physik – vorhersagen lassen?

Die durchschnittlichen Verhaltensweisen des Kosmos sind leichter vorherzusagen als bestimmte Ereignisse. Als die Temperatur des Universums entsprechend weit abgesunken war, konnte man die Entstehung der Sterne bereits vorhersagen, nicht aber die Bildung der Sonne an der und der Stelle zu dem und dem Zeitpunkt im Leben der Milchstraße. Auch die Bildung von Atomen und Molekülen durch nukleare und chemische Aktivität ließ sich vorhersagen, nicht aber die genaue Form der Eisblumen auf meinem Fenster an diesem Wintermorgen.

Wir wissen zu wenig über die Entstehungsweise des Lebens, um sagen zu können, ob sein Erscheinen vorhersehbar war oder nicht. Doch mehrere neuere Entdeckungen der Astrophysik – das Vorhandensein von Molekülen, die mehrere Dutzend Atome umfassen können, im interstellaren Raum, die Feststellung von Aminosäuren auf bestimmten Meteoriten, die Experimente, in denen Urey und Miller die Bedingungen des Urozeans simulierten – vermitteln uns alle die gleiche Botschaft: Die Natur verfügt über allerlei Kniffe. Ihre Fähigkeit, materielle Strukturen zu organisieren, überrascht uns immer wieder. In diesem Zusammenhang erscheint es nicht mehr absurd anzunehmen, daß das Leben vorhersehbar war, auch wenn dies keineswegs für unsere persönliche Existenz gilt.

Was unsere Schmetterlinge angeht, so *läßt sich vorhersagen,* daß sie, sobald der Frühling da ist, versuchen werden, sich zu paaren. Was *sich nicht vorhersagen läßt,* ist der Weg, den sie bei ihren Liebesspielen über den Rapsfeldern nehmen werden. Vorhersagen läßt sich indes, daß diese Liebesspiele andere Schmetterlinge hervorbringen werden, die das Heute künftiger Frühlinge weben werden...

Dritter Teil

Aus der Sicht der Hintergrundstrahlung

8.
Der Schöpfer des achten Tages

> Ich schreibe, weil ich den Eindruck oder das Gefühl habe, daß die Welt unfertig ist, so als habe Gott, der die Welt in sechs Tagen erschaffen und sich am siebten ausgeruht hat, nicht die Zeit gehabt, ganze Arbeit zu machen. Ich finde die Welt zu klein, das Leben zu kurz, das Glück nicht Glück genug. *Ich schreibe, um die Welt zu vollenden, um der Schöpfung den achten Tag hinzuzufügen.*
>
> Antonine Maillet

Ich habe die Erinnerung an einen köstlichen Traum, und manchmal, wenn ich die mit Blumen übersäten Pfade von Malicorne entlangwandere, fällt er mir wieder ein. In der Ferne höre ich eine Stimme, die etwas von Mozart singt. Das »Ihr, die ihr wißt, was Liebe ist« aus der *Hochzeit des Figaro*. Mit ungeteilter, freudiger Zustimmung in die Mäander der Melodie hineingezogen, schwinge ich im Gleichklang mit der Musik. Schauer überlaufen mich, und mein Glück ist unaussprechlich. Ganz der Ekstase dieses Traums hingegeben, erfaßt mich ein Gefühl unermeßlicher Dankbarkeit. Unablässig wiederhole ich: »Danke, Mozart. Danke, daß du gelebt und diese erhabene Melodie komponiert hast.«

In einem traumhaften Nebel, der die Distanz und die Zeit aufhebt, spüre ich ihn, den genialen Komponisten, unsichtbar und doch so gegenwärtig. »Die Erde nimmt diese sterbliche Hülle zurück, aber nicht die Poesie«, schrieb Aragon beim Tode Apollinaires. Zumindest in diesem Sinne *ist der Tod nicht das Ende der Existenz*.

Warum finde ich die Musik so kostbar? In meinen frühesten Erinnerungen sehe ich meine Mutter am Klavier sitzen. Sie spielt die *Appassionata* von Beethoven. Die Augen in Höhe der Tastatur, sehe ich, wie die Finger sich nach den erweiterten Oktaven spreizen. Mühelos steigen die Klänge auf, wenn sie, die Ellenbogen leicht angehoben, die Hände in das weiße Elfenbein versenkt. Ich warte auf die Stellen, an denen die linke Hand über die rechte hinweggreift und die Begleitstimme in den höheren Tonbereichen weiterführt.

Oft durch das Eintreffen meines Vaters gestört, verleiht das beinahe Heimliche, mit dem ich die Hausmusik erlebte, dieser Zeit für mich einen ungeheuren Reiz. »Ich hätte gern ein Grammophon«, sagte meine Mutter eines Tages. Ich höre noch, wie ich ihr antwortete: »Wenn ich groß bin, kaufe ich uns eins.«

So lange hat es dann doch nicht gedauert. Ich war ungefähr acht, als der erste Plattenspieler, ein Apparat zum Aufziehen mit einem Schalltrichter vom Typ »Die Stimme seines Herrn«, ins Haus kam. Wir waren verzaubert! Zusammen mit meinen Brüdern und meiner Schwester entdeckte ich damals den göttlichen Mozart, der die Kratzgeräusche einer alten 78er-Platte mühsam übertönte. Mit welcher Energie wir an der versilberten Kurbel des Grammophons gedreht haben...

Was wir uns zusammensparten, ging für Platten drauf. Im Untergeschoß des Kaufhauses »Archambault« in der Rue Sainte-Catherine in Montréal hingen, alphabetisch an den Wänden aufgereiht, die bunten Plattenhüllen von Bach, Beethoven, Berlioz, Brahms und vielen anderen mehr. Ein Zauberschloß!

Tausende von Stunden Musik zu entdecken. Eine unerschöpfliche Quelle des Glücks. Die toleranten Verkäufer ließen uns in den winzigen, überheizten Kabinen eine Fülle von Werken abhören, die so poetische Namen trugen wie *Die Winterreise*, *Prélude à l'après-midi d'un faune* oder *Tod und Verklärung*. Was sollte man nehmen? Wenn einer von uns mit seinen Erwerbungen nach Hause kam, betraten neue Freunde das Haus.

Den Sommer verbrachten wir in unserem Landhaus in Bellevue, am Ufer des Lac Saint-Louis. Dort tauschten wir mit unseren Cousinen die musikalischen Entdeckungen des Jahres aus. Die Bach-Kantaten mischten sich zusammen mit dem Rascheln der vom Seewind bewegten Pappelblätter in die laue Nacht.

In jenen Jugendjahren berauschte ich mich an der Musik, doch die Musiker interessierten mich kaum. Schubert war für mich der Komponist der *Schönen Müllerin* oder des *Oktetts*. Das war alles. Erst später wurde mir bewußt, daß Bach und Wagner genau wie Sie und ich als lebendige Menschen gelebt haben. Ich betrat die historische Realität der Urheber »meiner« Musikstücke.

Es war der Augenblick der Schöpfung, um den meine Gedanken kreisten, der mich faszinierte. Mich ergriff eine heftige Gemütsbewegung, wenn ich mir vorstellte, wie Mozart sich an den Tisch setzt, um das 20. Klavierkonzert zu schreiben. Oder Bach, wie er für seine Leipziger Gemeindemitglieder eine neue Kantate verfaßt.

Ein unwiderstehlicher Drang

In dem lebhaften Wunsch, mehr über diese großen Momente der menschlichen Kreativität zu erfahren, versenkte ich mich damals in die Lektüre der Biographien meiner Lieblingskünstler, -musiker, -maler und -dichter. So unterschiedlich die Lebensläufe auch sein mögen, immer wieder stößt man unfehlbar auf eines: *einen beinahe zwanghaften Schaffensdrang.* Er macht sich bei allen geltend: bei Beethoven oder van Gogh im Leiden, beim jungen Mozart mit seiner urwüchsigen Art, bei Rembrandt in seiner materiellen Armut und bei Rubens inmitten seines aufwendigen Lebensstils.

Die Schöpfer äußern sich in ähnlichen Worten über die Leidenschaft, von der sie besessen sind: »Ich kann nicht anders leben«; »Das ist es, was mich am Leben hält, meinem Leben einen Sinn gibt. Es beherrscht mich seit frühester Kindheit...«

Diese Worte bekommen, seit wir Winnicott (viertes Kapitel) gelesen haben, für uns einen vertrauten Klang. Wir begegnen hier wieder dem Willen, *die Welt neu aufzubauen.* »Was ich auf der Seele habe, muß heraus«, sagt Beethoven, »und deshalb schreibe ich.« »Die Musik soll bei den Menschen das Feuer des Geistes entzünden. Wer zum Sinn meiner Musik vordringt, wird frei von all dem Elend, in dem sich die anderen dahinschleppen.« »Es gibt nichts Schöneres, als dem Göttlichen nahezukommen und seine Strahlen über das Menschengeschlecht auszubreiten.«

Dieser schöpferische Drang äußert sich besonders eindrucksvoll in der *»Art brut«*. Im Departement Yonne gibt es ein Museum, genannt »La Fabuloserie«. Die dort ausgestellten Werke stammen von Menschen, die zu den gesellschaftlich Benachteiligten gehören. Von ihnen geht eine packende emotionale Wirkung aus. Etliche der Urheber, die in der Regel ungebildet sind und sich herzlich wenig um Ästhetik scheren, fanden in der spielerischen Beschäftigung mit Kunst einen Rettungsring, der sie vor dem drohenden Wahnsinn bewahrte. Ich gehe jede Wette ein, daß niemand die *»tribulations de la petite Mauricette«* ohne ein gewisses Ziehen im Herzen betrachten kann.

Die kosmischen Wurzeln der Kreativität

Was läßt sich über diesen Schöpferdrang, dem wir die Pracht der künstlerischen Meisterwerke aller Zeiten und Weltgegenden verdanken, sonst noch sagen?

Mein Ziel während dieser ländlichen Spaziergänge ist es zu zeigen, daß die wissenschaftlichen Erkenntnisse unserer Zeit neues Licht auf die gesamte menschliche Kultur werfen können. Jetzt möchte ich aus dieser Perspektive das umfangreiche Thema des künstlerischen Schaffens, der Kreativität, ansprechen.

Es geht nicht darum, die Kunst zu erklären. Das Kunstwerk trägt seine Daseinsberechtigung in sich und ist nicht auf ein Erklärungssystem angewiesen. Die Annahme, es auf logische oder psychologische Elemente zurückführen zu können, ist albern und unfruchtbar.

Mein Ziel ist ein ganz anderes. Ich werde darzustellen versuchen, wie sich die künstlerische Schöpfung in die Entwicklung des Kosmos einfügt, so wie wir sie heute durch die Wissenschaften der Physik, Chemie, Biologie und Astronomie kennen.

Den Psychoanalytikern und speziell Winnicott verdanken wir die Einsicht, daß es für den Menschen von fundamentaler Bedeutung ist, eine bereicherte und verschönerte Realität nachzubilden. Nun werden wir entdecken, daß die Aktivität der Natur verblüffende Ähnlichkeiten mit der Aktivität des Künstlers aufweist. *Nicht nur spielen beide dieselben Spiele, sie spielen sie auch noch unter denselben Bedingungen.* Die Spiele der Natur haben eine fast unbegrenzte Vielfalt komplexer Strukturen hervorgebracht. Eine der reichsten darunter ist der Mensch. Der künstlerische Schöpfer gibt sich ebendem Spiel hin, dessen Frucht er ist, und er setzt dieses unablässige Streben nach neuen Herrlichkeiten noch weiter fort.

Die Kunst als Spielraum

Ich möchte das subtile Verhältnis zwischen Natur und Künstler mit Hilfe von zwei Bildern verdeutlichen.

Eine persönliche Erinnerung liefert den Kontrast, der mir helfen soll, das Verhältnis zwischen Spiel, Unbestimmtheit und künstlerischem Schaffen zu erläutern. Meine Mutter brachte im Alter ihre Mußestunden damit zu, »nach Nummern zu malen«. Die Wände unseres Hauses waren mit diesen Gemälden geschmückt. Auf einer weißen Leinwand waren die Konturen einer Landschaft oder eines Stillebens vorgezeichnet, und die einzelnen Flächen der Zeichnung trugen eine Nummer, die einer bestimmten Farbtube entsprach. Wurden die angegebenen Farben auf die entsprechenden Flächen aufgetragen, entstand eine getreue Reproduktion des Bildes aus dem illustrierten Katalog.

Bei dieser Aktivität entsteht keinerlei »Mehrwert«. Die Vorgabe des einzuschlagenden Weges verleugnet schlechthin die spielerische Dimension des Malens, denn es ist ausgeschlossen, etwas nicht Vorgegebenes einzubringen.

Der Maler dagegen versucht, etwas Neues zu erzeugen, wenn er auf seiner Leinwand Farben miteinander kombiniert. Er will mit Hilfe von einfachen Elementen einen ganz neuen Eindruck erzeugen. Er »spielt«, und dieses Spiel bringt »Mehrwert« hervor. Zwanzig Gramm Korallenrosa, siebzehn Gramm Saturnrot... Mit der Aufzählung der von Picasso aufgebrachten Farbmengen ist noch nichts über die Schönheit der *Demoiselles d'Avignon* gesagt.

Was das zweite Bild angeht, so stelle ich mir Johann Sebastian Bach vor, wie er an seinem Arbeitstisch sitzt und die Kantate für den nächsten Sonntag schreibt. Seine Kompositionen fügen sich in die musikalische Tradition der damaligen Zeit. Die Regeln und Zwänge, denen sich die Künstler bereitwillig beugten, sind unschwer an ihnen abzulesen. Sein Werk findet in diesen Regeln seine Form, ohne aber von ihnen determiniert zu sein. Bach hat für die Sonntage in Leipzig über dreihundertvierzig Kantaten geschrieben, jede anders, jede großartig. Wären die Regeln determinierend gewesen, hätte er endlos dieselbe Kantate wiederholen müssen, und die Kirchenbesucher wären ihrer rasch überdrüssig geworden.

Die Regeln wandeln sich. Zu Schuberts Zeit komponiert man nicht mehr so wie zu Monteverdis Zeit. Die musikalischen Konventionen spielen aber noch immer dieselbe Rolle: einen Rahmen zu liefern, innerhalb dessen und durch den das Kunstwerk sich konstituieren und Form annehmen kann. Dieser Rahmen muß aber so elastisch sein, daß Vielfalt und Abwechslung in ihm Platz finden. Nur so kann eine neue Realität, ein neues Spektrum von Eindrücken entstehen und der Menschheit zum Geschenk gemacht werden.

Das Spiel der »emergenten Eigenschaften«

Dank der Fortschritte der wissenschaftlichen Forschung verstehen wir allmählich, wie die Natur funktioniert. Sie hat ihre Schliche, ihre Lieblingsrezepte, ihre Vorgehensweisen. Sie setzt sie auf allen Ebenen der Komplexität ein. Im siebten Kapitel habe ich die wichtigsten Elemente besprochen. Hier müssen wir kurz darauf zurückkommen.

So wie van Gogh durch das Aufbringen von Grundfarben auf seiner Leinwand die berühmten Sonnenblumen entstehen läßt, so fügt auch die Natur einfache Elemente zusammen, um aus ihnen neue, komplexere Elemente zu schaffen. Dieses Zusammenfügen in einer bestimmten Reihenfolge läßt »emergente Eigenschaften« entstehen. So wie das Wort »blau« eine Farbe evoziert, die keiner seiner vier Buchstaben –

und sei es auch nur partiell – evoziert, so ist das Wasser ein Lösungsmittel, doch der Wasserstoff und der Sauerstoff, aus denen seine Moleküle bestehen, sind keines. Für die Milliarden Neuronen unseres Gehirns gilt ebenfalls, daß sie einzeln nicht in der Lage sind, Astronomie zu studieren.

Dennoch ist das Zusammenfügen von einfachen Elementen nicht notwendig schöpferisch. Auf den numerierten Bildern meiner Mutter ist nichts Neues entstanden. Es muß noch etwas Entscheidendes hinzukommen: ein Freiheitsraum, in dem »Zufall« und »Notwendigkeit« sich begegnen und gegenseitig befruchten. Im fünften Kapitel sahen wir, wie dieser Freiheitsraum durch die Expansion und Abkühlung des Universums geschaffen wurde.

Ein historischer Rückblick

Vor fünfzehn Milliarden Jahren gab es noch nicht die außerordentliche Vielfalt der Formen, Zusammenhänge und Verhaltensweisen unseres heutigen Universums. Das ist ohne Zweifel die bedeutsamste Erkenntnis, welche die Astronomie zu unserer Reflexion über die Natur der Welt beisteuert.

Die Photonen der Hintergrundstrahlung erlauben uns, das Bild des Universums zu jener Zeit zu rekonstruieren.[64] *Dieses Bild ist einförmig weiß.* In welche Richtung man auch blickt und wie groß auch die Auflösung des Instruments sein mag, nirgendwo ist eine »Körnigkeit«, eine Andeutung der späteren Strukturen zu entdecken. Der »Blick« der theoretischen Physik erlaubt uns, diese weiße Homogenität zu deuten. Das damalige Universum bietet sich dar als ein ungeheurer undifferenzierter Brei aus Elementarteilchen.

Der enorme Gegensatz zwischen diesem frühen Universum und unserer heutigen Welt läßt uns den Charakter der *Geschichte des Universums* erkennen: Sie besteht in einer fortschreitenden Umwandlung der ursprünglichen Monotonie in den Reichtum des gegenwärtigen Zustands.

Physik, Chemie und Biologie erklären uns die Mechanismen dieses Wandels. Sie machen die dabei wirksamen Naturkräfte und die diese Kräfte regierenden Gesetze deutlich. Sie beschreiben die unzähligen Ereignisse, die das Gesicht des Kosmos unumkehrbar verändert haben.

Mit Hilfe der Astronomie können wir den Rahmen, in dem sich dieser Wandel vollzogen hat, rekonstruieren. Wegen der durch die Expansion des Universums entstandenen Regionen des Ungleichgewichts bestimmen die Gesetze nur teilweise den Gang der Ereignisse. Auf jeder Entwicklungsstufe entsteht eine breite Palette von »Möglichkeiten«. Von ihnen wird nur eine zur Realität, aber welche, das war in keiner Weise vorhersehbar (dieser Punkt wurde im sechsten und siebten Kapitel ausführlich behandelt).

In diesen Regionen ist es möglich, daß Elementarteilchen sich zu immer komplexeren Systemen zusammenfügen und fortgesetzt Neues, Unvorhersehbares, Unprogrammiertes entstehen lassen.

Das ist der kosmische Rahmen, innerhalb dessen die Naturkräfte schöpferisch werden können. Ihn kann man als die Quelle des Erfindungsreichtums der Natur betrachten. Er liefert den Schlüssel zu der ungeheuren Vielfalt der Lebewesen und Formen unseres Universums.

Sie äußert sich am Himmel in der großen Mannigfaltigkeit der Himmelskörper. Darunter finden sich Galaxien in den verschiedensten Formen, von den normalen Spiralnebeln über die Balkenspiralen und die elliptischen Nebel bis zu den irregulären Nebeln. Es sind darunter Sterne in allen Farben, mit gemäßigtem oder ausgefallenem Verhalten. Man findet dort Planeten, Monde, Asteroiden und Kometen mit einer unerwarteten chemischen Zusammensetzung.

Dieser Mannigfaltigkeit begegnen wir wieder auf der Erde, im Pflanzen- und Tierreich, dargestellt in den schönen Bilderbüchern. Wir bewundern sie bei den unzähligen Arten wildlebender Blumen und bei den tropischen Schmetterlingen.

Noch atemberaubender ist die Verschiedenartigkeit unter den Menschen. Wir sind fünf Milliarden auf der Erde, und jeder unterscheidet sich vom anderen. Jeder hat seine einmalige Persönlichkeit, seine Gefühle, seine Empfindungen, seine individuelle Geschichte.

Der Austausch der Gene bei der Befruchtung ist einer der »Kniffe«, mit denen die Natur den Fächer der Möglichkeiten ständig erweitert. Nach diesem Rezept läßt sich eine unbegrenzte Vielzahl verschiedener Individualitäten erzeugen. Wir werden die praktisch unendliche Zahl der Identitäten, die die menschliche Natur annehmen kann, niemals ausschöpfen.

Die Innovation geht weiter

Im Laufe von fünfzehn Milliarden Jahren aus immer wieder neuen Spielen hervorgegangen, ist der Mensch, soweit wir wissen, das komplexeste und leistungsfähigste Produkt der Natur. (Mit »leistungsfähig« meine ich hier die Fähigkeit, im Guten oder Bösen maßgeblich auf seine Umwelt einzuwirken.) Doch nichts berechtigt uns, in ihm den Schlußpunkt und die Vollendung dieser ungeheuren Aufwärtsentwicklung zu sehen. Nichts gibt uns die Gewähr, daß die Möglichkeiten dieser spielerischen Operationen mit diesem schönen Kind, dem Objekt all unserer Narzißmen, erschöpft sind. Auf unserem Planeten ist der Mensch heute schlicht und einfach ein »Spitzenerzeugnis«. Nicht mehr, aber auch nicht weniger...

Die Leistungen des Menschen entsprechen seinen Fähigkeiten. In seinem künstlerischen Schaffen setzt er direkt das Spiel der Natur fort, zu dessen Realisationen er zählt.

In dem Maler von Lascaux oder dem der Sixtinischen Kapelle hat die Natur sich die Möglichkeit geschaffen, ihre Lieblingsbetätigung fortzusetzen und zu verlängern. Sie hat einen Arbeiter hervorgebracht, der imstande ist, ihre eigenen »Rezepte« zu nutzen. Dies jedoch in einer neuen Dimension der Freiheit und des Leistungsvermögens, so daß sie das Spiel, für das sie eine besondere Vorliebe hat, weiter treiben kann als je zuvor.[65]

Der Künstler übernimmt es, die Innovation ins Werk zu setzen. Er tritt in die Tradition des Universums ein, die Realität zu verschönern. »Ich schreibe, um die Welt zu vollenden, um der Schöpfung den achten Tag hinzuzufügen«, schreibt Antonine Maillet, die Dichterin aus Akadien.

Die Palette wird erweitert

Die Schmetterlinge sind nicht »umsonst« schön. Ihre Farbenpracht ist – zumindest teilweise – von den Erfordernissen des Überlebens diktiert. Die Vielfalt der natürlichen Formen hat durchaus etwas mit den zwingenden Geboten des Lebens zu tun. Es geht darum, daß du frißt und nicht gefressen wirst. Es geht darum, daß du Nachkommen hast und so deine Gene weitergibst. Aus diesen Geboten ergeben sich Zwänge, die die spielerische Dimension der biologischen Phänomene erheblich einschränken.

Für den Künstler sind die Zwänge anderer Natur. Er hat eine größere Freiheit. Er erweitert die Palette der Natur. Er kann neue Instrumente schaffen und die Verfahren des künstlerischen Schaffens vielseitiger gestalten. Ein Beispiel dafür ist die Nutzung des Computers. Er erweitert die Palette der Töne, die von den herkömmlichen Instrumenten geboten werden. Er erzeugt neuartige Klänge, die Bach, Mozart und Wagner unbekannt und für sie unerreichbar waren.[66]

Seit fünfzehn Milliarden Jahren geht die Natur ihrer schöpferischen Arbeit nach. Mozart schreibt seine Musik, und der Kosmos ist schöner als zuvor.[67] Mozart ist seit zweihundert Jahren tot, doch noch immer ist er unter uns. Seine Musik läßt uns im Gleichklang mit seiner singenden Seele schwingen.

Botschaft an den Künstler

Über den Ursprung dieses schöpferischen Dranges können wir jetzt etwas sagen. Zunächst werden wir den Künstler, der sich Fragen stellt, darauf hinweisen, daß seine Handlungsweise derjenigen der Natur merkwürdig ähnelt. Wie sie verknüpft er einfache Elemente, um zu neuen Elementen zu kommen, die mit emergenten Eigenschaften ausgestattet sind. Wie sie arbeitet er auf spielerische Weise in Freiheitsräumen, die die Entstehung des Unvorhersehbaren begünstigen.

Ferner werden wir ihm sagen, daß er sich mit seiner Aktivität in eine schöpferische Tradition einreiht, die so alt ist wie die Welt. Sie ist schon im blendenden Licht der Ursuppe auszumachen. Sie hat in den unermeßlichen interstellaren Räumen, in den Glutöfen der Sterne, in den Trümmern von Sternexplosionen und an den Oberflächen der Urplaneten ihre Spuren hinterlassen.

Sie ist die sprudelnde Quelle der kosmischen Vielfalt. Ihr verdanken wir das unablässige Entstehen neuer Strukturen, die andere, noch komplexere Strukturen zu erzeugen vermögen... Schritt für Schritt entfaltet sie die kosmische Komplexität, indem sie nach und nach Nukleonen, Atomkerne, Atome, Moleküle, Zellen und alle Organismen hervorbringt, darunter auch den Künstler, der sich über seine seelische Verfassung Gedanken macht.

Das Aufkommen der abstrakten Kunst zu Beginn unseres Jahrhunderts hat die ästhetische Debatte erneut entfacht. Wir können uns hier an dem orientieren, was wir als zentrales Element in der Geschichte der Natur erkannt haben: dem Spiel in der erweiterten Freiheit. Was ist Kunst? Welches sind die Kriterien der Schönheit?

Die Natur probiert alles aus, sie versagt sich nichts, verbietet sich nichts. Sie ist süchtig nach neuen Experimenten. Wenn eines scheitert, weint sie dem zerschlagenen Porzellan keine Träne nach. Sie macht stur weiter.

Die Ergebnisse werden nach ihrer Lebenskraft beurteilt. Sie fragt nicht: »Wo kommt das her?«, sondern: »Was bringt das?«. »Nicht nach seinen Wurzeln wird der Baum beurteilt, sondern nach seinen Früchten«, heißt es treffend bei dem Evangelisten.

Wenn die Natur sich bei ihrer Lieblingsbeschäftigung keine Schranken auferlegt, ist nicht einzusehen, warum der Künstler sich von Schranken behindern lassen sollte. Das ließe sich als ästhetischer Ratschlag aus dem Versuch ableiten, die künstlerische Aktivität in den Rahmen der kosmischen Evolution zu stellen.

In gleicher Sache können wir nach dem bisher zurückgelegten Weg eine Frage aufgreifen, über die viel Tinte vergossen worden ist. Gibt es »das Schöne« in der Natur, oder kommt es nur den Erzeugnissen des Menschen zu?

Aus der Sicht der bisherigen Überlegungen verwischt sich die

Unterscheidung zwischen den Werken der Natur und den Werken der Menschen. Beide gehören ein und derselben schöpferischen Tradition an. Die Schönheit ist zuallererst ein ganz persönliches Erlebnis zwischen dem Ich und dem Universum. Dem Universum verdanke ich sowohl die *innere* Möglichkeit, das Schöne zu bewundern, als auch die *äußeren* Elemente von Schönheit, die ich bewundern kann, gleichgültig, wie sie entstanden sind.

In den ersten sechs Tagen hat das Universum den Sonnenuntergang geschaffen, der den Himmel färbt, als ich aus dem Wald trete. Am achten Tag ist Mozarts Melodie entstanden, die mir nicht aus dem Kopf geht.

9.
Ein Schornstein auf dem Lande

für meine Tochter Evelyne

Mein Beitrag besteht in der Aufforderung, dieses Paradoxon anzuerkennen und hinzunehmen und es nicht lösen zu wollen. Nur eine Zuflucht zu abgespaltenen intellektuellen Funktionen könnte es lösen; der Preis wäre jedoch, daß das Paradox dabei seinen Wert einbüßt.

Winnicott, *Vom Spiel zur Kreativität*

Dieser Spaziergang führt uns in die nahe der Grenze zu den Vereinigten Staaten gelegenen östlichen Kantone der Provinz Québec.

An einer Wegbiegung werden wir der ersten Bauten eines Dorfes ansichtig. An den Alleen reihen sich Häuser inmitten von blühenden Gärten. Die Gemeinde hat dieses Jahr den ersten Preis für die gärtnerische Dorfgestaltung gewonnen. Etwas weiter entfernt ragt starr ein Fabrikschornstein empor, aus dem schwärzliche Rauchwolken quellen. In weiter Runde sind die Bäume entlaubt. Doch die Fabrik gibt dem Dorf Arbeit und Brot.

Als ich neulich ein Referat für eine verfassungsrechtliche Tagung in Québec vorbereitete, kam mir dieses Bild wieder in den Sinn. Das Tagungsthema – der Schutz der Umwelt – gab mir Gelegenheit, das Rechtswesen in den Rahmen unserer neuen Weltsicht zu rücken.

Die Gesetze des Himmels und der Atome

Als Kind hörte ich oft über das Recht reden. In meiner Familie gab es mehrere Juristen. Diese Diskussionen interessierten mich wenig. Sie kamen mir nutzlos und lächerlich vor. Ich fand, daß es interessantere

Berufe gab, als sich in nachbarschaftliche Streitigkeiten oder Erbauseinandersetzungen hineinziehen zu lassen.

Die Stille der Sternenwelt und die Rätsel der Atome und Moleküle zogen mich weit stärker an als die Winkelzüge und Umständlichkeiten des Verwaltungsstreitverfahrens. Die ewigen, universalen und unverletzlichen Gesetze, denen die Bewegungen der Planeten und Elektronen folgen, verdienten, wie mir schien, meine Aufmerksamkeit unendlich viel mehr als die wechselnden, regional begrenzten und in der Praxis ständig übertretenen Gesetze der Menschen.

Eine Überlegung, die von der heutigen Astrophysik ausging, hat mich dazu gebracht, meine Meinung zu ändern. Ich habe die Rolle der menschlichen Gesetzgebung innerhalb der Ökonomie des Kosmos erst richtig einschätzen können, nachdem ich mir über eine grundlegende Dimension der Natur, die Komplexität, klar geworden war. Neben dem »unendlich Kleinen« der Atome und dem »unendlich Großen« der Galaxien muß auch das »unendlich Komplexe« des Lebens berücksichtigt werden. In dieser Dimension findet trotz ihrer Mängel und Unbeständigkeiten die menschliche Rechtsprechung ihre Rechtfertigung und Zweckdienlichkeit.

Der Schaffenswahn

Der Ausgangspunkt für diese neue Wegstrecke ist, wie bisher schon, die Geschichte des Universums, so wie sie sich nach den heutigen wissenschaftlichen Erkenntnissen darstellt. Zunächst soll die Stellung der Gesetzgebung in der Welt der sogenannten »trägen« Materie betrachtet werden, bevor wir zum Reich der Lebewesen kommen.

Das älteste Bild der Welt ist vor fünfzehn Milliarden Jahren ausgesandt worden. Wir konnten wiederholt deutlich machen, wie wichtig dieses Bild für unsere Überlegungen ist. Es zeigt uns einen früheren Zustand des Universums, der sich von seinem gegenwärtigen Zustand völlig unterscheidet. Der Kosmos war damals außerordentlich heiß und außerordentlich dicht, vor allem aber vollkommen desorganisiert.

Es war das »Chaos«, wie es der griechische Dichter Hesiod, ein Zeitgenosse Homers, erblickt hat.

Unter »Chaos« ist hier das Fehlen organisierter Strukturen zu verstehen. Natürlich gab es weder Pflanzen noch Tiere, aber es gab auch keine Galaxien, keine Sterne, ja nicht einmal Moleküle oder Atome, wie sie uns die Physik heute zeigt. Das damalige Universum bestand aus einem ungeheuren Brei von »Elementarteilchen«, die, frei und ungebunden, planlos in diesem glühenden Raum umherflogen.

Betrachten wir dagegen das Universum von heute. Nehmen wir zum Beispiel unseren menschlichen Körper mit seinem denkenden Gehirn. Auch hier begegnen wir wieder den Elementarteilchen, aber in einem ganz anderen Zustand. Die Milliarden und Abermilliarden von Teilchen, aus denen wir bestehen, sind zusammengefügt, geordnet und kombiniert zu einem Organismus von phantastischer Komplexität, dessen Verhalten sich uns noch immer weitgehend entzieht. Dank dieser Organisation sind wir imstande, die uns umgebende Welt wahrzunehmen und uns ihrer bewußt zu werden.

Die Geschichte des Universums kann man als den Ablauf dieser ungewöhnlichen Metamorphose beschreiben. Wie die einzelnen Naturwissenschaften – Physik, Chemie, Biochemie, Biologie und Astronomie – uns die verschiedenen Kapitel dieser Geschichte erzählen, habe ich in *Wunder Universum* dargestellt.

Das Auftreten der Vielfalt der Atome und Moleküle beruht, kurz gesagt, auf dem Wirken der Kernkraft und der elektromagnetischen Kraft, die bestrebt sind, immer stabilere Strukturen zu erzeugen. Dieses Wirken unterliegt einer Reihe von »physikalischen Gesetzen«, die den Gang der Ereignisse bestimmen.

Die zahlreichen, durch die Wirkung der Kernkraft im Inneren der Sterne erzeugten Atomarten werden beim Tod des Sterns in den Weltraum geschleudert. Hier vereinen sich, nunmehr dank der elektromagnetischen Kraft, die Atome zu der ungeheuren Vielfalt der Molekülarten. Die molekulare Vielfalt wird der atomaren Vielfalt »aufgepfropft«. Mit jeder Pfropfung erfindet die Natur neue Lösungen für das Problem der Existenz. Sie stellt einen dritten Maßstab auf, den der Komplexität.

In diesem Kapitel möchte ich untersuchen, was für eine »Gesetzgebung« nötig ist, um diese Höherentwicklung zu fördern. Der Flug unserer Schmetterlinge im fünften Kapitel hat ein grundlegendes Merkmal aufgedeckt. Die Kräfte schweißen die materiellen Strukturen zusammen und erzeugen so die Vielfalt der Natur. Doch diese Kohäsionskräfte allein sorgen noch nicht für die Entstehung von Mannigfaltigkeit und Komplexität. Sie könnten ebenso gut die Komplexität neutralisieren und direkt in die Monotonie münden. Zur Vermeidung dieser Katastrophe muß eine Bedingung erfüllt sein: Die Gesetze dürfen nicht restlos das Geschehen determinieren. Wäre die Vorherrschaft der gesetzlichen Diktate vollkommen, könnte nie etwas Neues geschehen.

Wie wir gesehen haben, entstanden durch die Expansion und Abkühlung des Universums »Freiräume«, die die Allmacht der Naturgesetze einschränken. In ihnen können die Kräfte die kosmische Komplexität entwickeln, ohne die Gefahr, sie sogleich zu vernichten. Die in der unbelebten Welt erforderliche Flexibilität der Gesetze begegnet uns, merklich verstärkt, wieder in der Welt der Lebewesen.

Das Gesetz des Dschungels

Nachdem wir die Gesetzgebung der atomaren und molekularen Welt betrachtet haben, kommen wir jetzt zu den höheren Stufen der Pyramide der Komplexität, wo die Lebewesen, die Pflanzen und Tiere, ihren Platz haben.

Von der erhabenen Unberührtheit der Atome und der Himmelskörper ist auf den höheren Stufen der Komplexität nichts mehr zu spüren. Hier herrscht, wie man zu sagen pflegt, das »Gesetz des Dschungels«. Alle Kniffe sind erlaubt, jeder kümmert sich nur um sich selbst, und der Stärkste siegt.[68]

Die neuere Verhaltensforschung bestätigt vollauf, daß Tiere sich unmoralisch oder vielmehr amoralisch verhalten. Der Hunger rechtfertigt alle Mittel. Die Natur ist effizient und intelligent, aber die Ethik ist nicht ihre Stärke. Wenn es um das Überleben der Spezies geht, sind alle Strategien erlaubt: Lügen, Tiefschläge und Verstellungen.

Ein Hummelmännchen findet bei einer Orchidee die Zeichnung, die Farben, die Oberflächenbeschaffenheit und sogar den Duft des Hummelweibchens. Irregeführt, fliegt es enttäuscht davon, doch da an seinen Beinen die Blütenpollen haften, sorgt es für die Fortpflanzung der Blume.

Eine andere Blume strömt Aasgeruch aus. In Farbe und Oberflächenbeschaffenheit ahmt sie verdorbenes Fleisch nach. Die Kunst der Verstellung geht bei ihr so weit, daß sie eine dünne Behaarung trägt, die ein Tierfell vortäuscht. Das lockt eine Fliege an, die nach zerfallenden Tierkadavern sucht, in die sie ihre Eier legt, damit die ausgeschlüpften Larven dort ihr Futter finden. Von der Verkleidung irregeführt, legt sie ihre Eier ab, um mit Pollen beladen zur nächsten Blume zu fliegen. Die Larven verhungern, aber es ist zur Befruchtung gekommen...

Der Kuckuck plagt sich nicht mit dem Nestbau ab. Er legt seine Eier in die Nester anderer Vogelarten. Damit die getäuschten Eltern seinen eigenen Nachwuchs angemessen füttern, wirft er die Eier seiner unfreiwilligen Gastgeber hinaus.

Eine kurzsichtige Gesetzgebung

Doch der anarchische Egoismus ist nicht die einzige Regel in der Welt der Lebewesen. Bienenstöcke und Termitenhügel zeigen uns Tiergesellschaften, in denen es vollkommen gesittet zugeht.

In diesen Gesellschaften ist jeder einer strengen, unabänderlichen Gesetzgebung unterworfen. Wenn ein Feind erscheint, setzen sich die Krieger in Marsch, während die Arbeiterinnen ungerührt ihre Arbeit fortsetzen. Das Individuum – dies das hervorstechende Merkmal – ist ganz und gar der Gruppe untergeordnet. Im Notfall wird es erbarmungslos geopfert.

Wo ist hier das bürgerliche Gesetzbuch? Wie kommt es, daß jeder seine Aufgaben und Verantwortlichkeiten kennt? Wahrscheinlich liegt hier eine erbliche Programmierung vor, deren Effizienz uns in

Erstaunen versetzt. Doch bei aller scheinbaren Vollkommenheit, mit der diese Tiergesellschaften funktionieren, ist die gültige Gesetzgebung nicht problemlos. Bei näherem Hinschauen zeigen sich mehrere potentiell strittige Punkte, und wir fühlen uns an die Situation erinnert, die oben »aus der Sicht der fossilen Strahlung« geschildert wurde.

Diese Gesetzgebung scheint mit absoluter Zwangsgewalt ausgestattet zu sein. Sie läßt keinen Raum für den revolutionären Geist, für Ungehorsam und Rebellion. Ergebnis: eine vollkommen konservative Gesellschaft, die ständig dieselben Handlungen wiederholt. Ein zeitloses Gebilde, bei dem jegliche Verbesserungsmöglichkeit ausgeschlossen erscheint...[69] Die harten, unantastbaren Gesetze, die für Harmonie im Bienenstock sorgen, machen zugleich alle Möglichkeiten des Fortschritts und der Entwicklung zunichte.[70]

Diese Gesetzgebung ist – dies das zweite Merkmal – gänzlich auf das Wohl einer bestimmten Gesellschaft, eines Bienenstocks, eines Termitenhügels, eines Ameisenhaufens abgestellt. Die übrige Welt ist nur dazu da, ausgenutzt zu werden. Die Ameisen schleppen Insektenkolonien in ihren Bau und machen sie ihren eigenen Bedürfnissen dienstbar. Mit abgeschnittenen Flügeln sitzen die Gefangenen im Dunkeln und werden gemolken. Alles für die Ameisen, nichts für die unterworfenen Insekten.

Diese Merkmale lassen ein weiteres, viel gravierenderes erkennen: *das Fehlen eines planetaren Bewußtseins*. Die Heuschrecken, die heute über den Sahel hereinbrechen, kennen nur ein Gesetz: alles, was grün ist, verschlingen. Sie »ignorieren«, daß die von ihnen beschleunigte Ausbreitung der Wüste sich gegen sie wenden könnte und für sie tödlich ist. Das hat die Natur nicht in ihre Gene hineingeschrieben.

Für Probleme dieser Art hat die Natur andere Lösungen »vorgesehen«. Wenn es kein Grün mehr gibt, werden die Heuschrecken durch Hunger dezimiert. Dann sprießen die Bäume wieder, und erneut vermehren sich die Heuschrecken. Zur Erhaltung des Lebens auf der Erde scheint die Natur – wie im wildesten Kapitalismus – ausschließlich auf das Gleichgewicht der vorhandenen Kräfte zu setzen.

Dieses Gleichgewicht ist auf längere Sicht instabil. Die Natur verhält sich so, als seien die irdischen Ressourcen unerschöpflich. Die nicht wieder gutzumachenden Katastrophen, welche der fortschreitende Niedergang der Umwelt nach sich ziehen könnte, scheinen nicht zu ihren Sorgen zu gehören. Ebenso wenig wie das Leben der Individuen scheint das Überleben der Biosphäre ihr Problem zu sein. Sollte sie vergessen haben, wie begrenzt und zerbrechlich unser Planet ist, den sie vor viereinhalb Milliarden Jahren schuf? Die Vermehrung der menschlichen Spezies wird es ihr ins Gedächtnis rufen.[71]

Ein unausweichliches Paradoxon

Wir gelangen hier zu einem paradoxen Sachverhalt. Als Produkt der biologischen Evolution ist der Mensch *unzweifelhaft ein Teil der Natur.* Wir müssen ihm jedoch im Hinblick auf seine von allen übrigen Lebewesen abstechende Leistungsfähigkeit eine Sonderstellung einräumen. Man kann sagen, daß er in gewisser Weise *außerhalb der Natur* steht.

Diese Doppelstellung führt zu Unklarheiten. Der Biologe Jean Dausset schreibt: »Die Natur *spricht nicht*, es ist der Mensch, der spricht.« Es wäre ebenso vertretbar zu sagen, daß der Mensch der Natur *eine Stimme verleiht*.

Die Natur, sagen manche, habe kein »Herz«. Das Leiden der Lebewesen sei ihr gleichgültig. Dennoch haben sich im Laufe der Geschichte immer wieder Menschen gegen Ungerechtigkeit aufgelehnt. Andere haben ihr Leben der Barmherzigkeit und der humanitären Hilfe gewidmet. Diese löblichen Empfindungen und die Fähigkeit, sie in die Tat umzusetzen – woher sollen sie kommen, wenn nicht von der Mutter Natur? Sind diese Männer und Frauen nicht das »Herz« der Natur?

Man kann aus dieser Schwierigkeit zusätzliche Einsichten gewinnen, wenn man sich nicht zwischen dem einen oder anderen Standpunkt entscheidet, sondern sich spielerisch auf beide stellt.

Zu diesem Zweck teilen wir die Geschichte der bewegten Beziehungen zwischen Mensch und Natur in drei Abschnitte ein. Die beiden letzten Abschnitte, die sich teilweise überschneiden, werden wir dann nacheinander unter dem Aspekt »der Mensch ist Teil der Natur« bzw. »der Mensch steht außerhalb der Natur« untersuchen.

Die Natur vor dem Auftreten des Menschen

Unser erster Abschnitt umfaßt den Zeitraum von der Entstehung des Universums vor fünfzehn Milliarden Jahren bis zum Auftreten des Menschen vor zwei Millionen Jahren.

Im Laufe von Äonen tritt aus dem ursprünglichen Chaos der Kosmos hervor. Die Gesetze der Physik bewirken, daß die Materie komplexer wird. Auf unserem Planeten entsteht Leben und entwickelt sich zu außerordentlicher Vielfalt. Die Erde wird um Millionen lebender Arten reicher.

Die strittige Situation hat schon begonnen. Die scharfe Konkurrenz führt zu unzähligen Konflikten. Dank der regelnden Instinkte, die im Verlauf der Evolution entstehen, bleiben die Schäden begrenzt. Sie sind keine Gefahr für die Harmonie des Planeten. Doch im Keim sind schon alle Elemente vorhanden, die später das Bild verdüstern werden.

Die ersten Lebewesen ernähren sich von mineralischen Substanzen. Später entstehen Pflanzerfresser, die Pflanzen töten, um sich zu ernähren. Dann treten die Fleischfresser auf, deren Existenz auf dem Tod anderer Tiere beruht. Diese »Nahrungskette« entspricht den Erfordernissen einer auf »Leistung« abgestellten Logistik. In ihr erkennt man die ständige Obsession der Natur, immer komplexere Strukturen mit immer komplizierteren Verhaltensweisen zu schaffen.

Man kann sich ganz anthropomorph fragen, ob die Natur nicht einen Stich im Herzen verspürt hat, als der erste Fleischfresser tötete, um sich zu ernähren – einen Zweifel, ein Bedauern. Hatte sie es wirklich so gewollt? Hat sie wirklich diesen Weg einschlagen wollen? (Falls diese Personifikation der Natur jemanden stört: Nutzen Sie Ihren Vorrat an Gänsefüßchen!)

Die bedrohte Natur

Der zweite Abschnitt beginnt mit dem Erscheinen des Menschen in der afrikanischen Savanne. In mehreren Wanderungswellen erobert der Mensch bald alle bewohnbaren Räume des Planeten.

Von seiner Erfindungswut fortgerissen, hat das Universum nach einer Trächtigkeit von fünfzehn Milliarden Jahren einen bemerkenswerten »Mutanten« geboren. Anpassungs- und Wettbewerbsfähigkeit sind die Fermente und Triebkräfte der biologischen Evolution. Der Mensch ist die Frucht der strahlenden Immoralität, mit der die Natur ihre Schaffenswut austobt. In diesem Spiel ist er besser als alle anderen. Er paßt sich an alle Situationen an. Er richtet sich mit seinem Komfort auf allen Breiten und in allen Klimaten ein. Heute schickt er sich an, im Weltraum zu leben.

Mit der Entwicklung von Wissenschaft und Technik verändert der Mensch den von ihm bewohnten Planeten ganz erheblich. Er greift in die Natur ein und baut die Landschaft um. Alle Regionen mit Ausnahme der arktischen Landschaften sind mehr oder weniger von seiner Anwesenheit geprägt worden.

Nichts kann ihn aufhalten. Ganz besonders wächst sein Einfluß mit der Entstehung der abendländischen Zivilisation, die im Unterschied zu den traditionellen Kulturen vor der Natur keinen Respekt mehr hat. Biotope und lebende Arten verschwinden in großer Zahl. Die Wälder schrumpfen, und Gebüsche weichen Parkplätzen. Asphalt und Beton sind die Manifestationen dieser neuen, bedrohlichen Monotonie.

Monet in Argenteuil, Seurat in Louveciennes – seit langem kenne ich die Namen dieser magischen Orte, von denen die impressionistischen Maler sich inspirieren ließen. Wie enttäuscht und betrübt war ich, als ich zum ersten Mal die Ufer der Seine sah! In die Freude, mit der ich die Bilder dieser Maler betrachte, mischt sich seither ein Hauch von Trauer und Angst – Trauer über die Verhunzung, Angst um die Zukunft der Orte, die noch begrünt sind. Was wird in den nächsten Jahrzehnten aus den schattigen Wegen von Malicorne werden? Die über ihnen schwebende Drohung läßt sie mir noch kostbarer erscheinen.

Vor dem Auftreten des Menschen gab es natürliche Schranken, welche die instabilen Gleichgewichte, die durch die Konkurrenz und den Kampf ums Überleben erzeugt wurden, aufrechterhielten. Mit der Erfindung der Strategie der Intelligenz hat die Natur sie hinfällig werden lassen. Der Mensch kann sich den ererbten Befehlen widersetzen. Er kann sich selbst auslöschen, seine Angehörigen, ja sogar die gesamte Spezies ausrotten. Die Mittel dazu besitzt er heute.

Bei dem kleinen *Homo sapiens* ist alles maßlos. Das Erhabene und das Entsetzliche sind bei ihm aufs innigste vermengt. In ihm stecken gleichzeitig Wolfgang Amadeus Mozart und Adolf Hitler.

In der Natur beweist der Fortpflanzungstrieb eine grenzenlose Phantasie. Er hat ein beeindruckendes Arsenal von sexuellen Strategien entstehen lassen.[72] Die phantastische Vitalität, welche die lebenden Arten bis in den letzten Winkel des Planeten vordringen ließ, birgt heute das Risiko einer explodierenden Übervölkerung, die den Alptraum heraufbeschwört, daß die Slums von Kairo und Kalkutta den ganzen Planeten überziehen könnten. Die Oberfläche der Erde ist begrenzt. Ihre Aufnahmefähigkeit ist nicht unendlich. Doch die Natur scheint davon nichts zu wissen.

Betrachten wir nun, wie oben angekündigt, diesen zweiten Abschnitt unter den beiden gegensätzlichen Aspekten.

Unter dem Gesichtspunkt des »außerhalb der Natur stehenden Menschen« erscheint das Auftreten unserer Spezies wie eine kosmische Katastrophe. Unser Planet ist »befallen« von Menschen, die entschlossen scheinen, die bewundernswerte Harmonie der Natur zu verpfuschen. Sie wären durchaus imstande, die Natur wieder in den sterilen Urzustand zu versetzen, dessen wir ansichtig werden, wenn wir nachts mit einem Fernglas den Mond betrachten.

Nehmen wir »den Menschen als Teil der Natur«, so erweist er sich in diesem zweiten Abschnitt als derjenige, der die finsteren Seiten der Natur offenbart. Er ist der unbestreitbare Beweis dafür, daß sie sich gedankenlos verhält, wie der Zauberlehrling. Er macht deutlich, daß es ihr an Verantwortung und planetarischem Bewußtsein mangelt. Er zeigt, daß sie blind ist für die tödliche Sackgasse, in der sie heute steckt.

Getrieben von ihrer eigenen Politik des Erfindungsreichtums und von der Obsession, immer komplexere und leistungsfähigere Strukturen zu schaffen, scheint die Natur sich in eine Lage gebracht zu haben, die gegen sie zurückschlagen könnte. Sie hat eine unheilvolle Spezies hervorgebracht, welche die regelnden Instinkte, die für die Unvergänglichkeit des irdischen Lebens sorgten, auszuschalten vermag. Eine Spezies, die inzwischen fähig ist, das gesamte Leben auf der Erde auszurotten. Diese düstere Feststellung ergibt sich aus diesem zweiten Abschnitt.

Verantwortlich für die Natur

Der dritte Abschnitt beginnt vor ein bis zwei Jahrhunderten. Die Menschen werden sich endlich dessen bewußt, daß sie eine Gefahr für das Leben auf diesem Planeten sind. Damit beginnt die Sorge um die Umwelt. Während die Landschaftszerstörung weitergeht und sich beschleunigt, beginnt der Mensch zu spüren, daß er dafür verantwortlich ist, was aus der Natur wird.

Nach einer langen Vorgeschichte der Aggression und Brutalität, nach der Auslöschung zahlreicher Pflanzen- und Tierarten äußert die Menschheit den Wunsch, das Leben zu schützen. Arten, die zum Untergang verurteilt schienen, werden im letzten Augenblick gerettet... Riesige Scharen von Flamingos lassen uns in Kenia vergessen, daß man noch vor wenigen Jahrzehnten glaubte, sie seien für immer verschwunden.

Solche Ereignisse sind zu begrüßen. Im Rahmen der kosmischen Evolution geht ihre Bedeutung weit über das Überleben der geretteten Arten hinaus. Gemessen am bisherigen Verhalten der Menschen, bedeuten sie eine Hoffnung für die Zukunft der Intelligenz auf der Erde. Im Maßstab des gesamten Universums erhalten solche Ereignisse ihren symbolischen Wert.

Betrachtet man ihn als »außerhalb der Natur stehend«, so erscheint der Mensch in diesem Abschnitt als derjenige, der die Natur *retten* kann. Er muß wie der Zauberer dem Zauberlehrling zu Hilfe eilen. Er muß eine explosive Situation wieder unter seine Kontrolle bringen. Die Menschheit hat heute keine andere Wahl, als sich um die Zukunft der Komplexität zu kümmern. Ihr obliegt es, den ungeheuren und dabei unverantwortlichen Schaffensdrang der Natur zu steuern.

Betrachtet man diesen dritten Abschnitt unter dem Aspekt, daß »der Mensch ein Teil der Natur« ist, so erkennt man, daß *die Natur sich der Sackgasse bewußt wird, in die sie sich gebracht hat*. Sie merkt, daß sie gezwungen ist, über sich hinauszuwachsen und die Leistungsbesessenheit aufzugeben, auf die sie sich bislang beschränkt hatte. Sie betritt den Bereich der Werte. Durch die Entstehung des moralischen Empfindens bei den Menschen öffnet sie ihre Augen und wird verantwortlich. Der Mensch ist das Gewissen der Natur.

Eine Gerichtsbarkeit der Komplexität

Hier kommen wir wieder auf das Thema dieses Kapitels zurück: *Die Entfaltung der Organisation erfordert eine ihr angemessene Gesetzgebung*. Im Gegensatz zum »unendlich Großen der Sterne« und zum »unendlich Kleinen der Atome« ist das »unendlich Komplexe des Lebens« nicht ein für allemal gegeben. Es ist zerbrechlich und ständig in Gefahr. Seine Gerichtsbarkeit muß sich auf das unentwirrbare Durcheinander der menschlichen Seele einstellen. Die olympische Einfachheit und Eleganz der Naturgesetze wird man hier vergeblich suchen. Sie muß mit einer verständnisvollen und toleranten Beweglichkeit ausgestattet sein, die näher an die menschliche Realität herankommt.

Im Gegensatz zu den unentrinnbaren und nicht zu umgehenden angeborenen Befehlen der Ameisen muß die Gesetzgebung des unendlich Komplexen die Entfaltung der fruchtbaren Antriebe ermöglichen, die für das Wachstum der Komplexität und das Erscheinen der menschlichen Intelligenz verantwortlich waren. Hinreichend flexibel, um die Kreativität flankierend zu fördern, muß sie die Paradoxien und die widersprüchlichen Aspekte der Realität respektieren und zugleich integrieren.

Eingedenk der unheilverkündenden Wolken, welche die Natur über sich aufgetürmt hat, muß diese Gesetzgebung die blinden »Fermente der kosmischen Vitalität« kanalisieren, *ohne sie aber zu neutralisieren*. Es gilt, gleichzeitig die Ziege und den Kohl zu retten. Es gilt, die Koexistenz und gleichzeitige Entfaltung *des Ich, der Gruppe und des Planeten* zu sichern.

Ökologie und Schornsteine

Wenn ich kann, beteilige ich mich an den Kundgebungen und Aktivitäten der Grünen und der Umweltschützer. Innerhalb der politischen Arena sind sie die Weitblickenden. Sie sorgen sich darum, unserem Planeten seine Bewohnbarkeit und Schönheit zu erhalten.

Angesichts des Fabrikschornsteins, der mitten auf dem Lande unablässig Rauchsäulen ausspuckt, hatten wir eine lange, fruchtbare Diskussion. Ich habe wie sie bei diesem Anblick Empörung und Zorn empfunden. Mit unserer gesicherten Existenz und unserem Umweltbewußtsein vergessen wir jedoch leicht die Kehrseite der Medaille. Die Fabrik gibt dem Dorf, das sie mit ihrem Ruß überschüttet, Arbeit und Brot. Während der großen Hungersnöte des Mittelalters war der Himmel sauber, und die Landschaft war nicht verschmutzt.

Wir müssen die Umwelt und die Industrie bewahren. Die Schönheit der ländlichen Umgebung erhalten und unsere Existenz sichern. Wie immer, wird das nicht einfach sein.

Ein konkreter Fall: die Abtreibung

Diese Schwierigkeit läßt sich an einem konkreten Beispiel verdeutlichen: dem Problem der Abtreibung. Ich möchte dazu das Ergebnis meiner ganz persönlichen Überlegungen vortragen.[73]

Auf die Frage: »Ab wann muß man von ›töten‹ sprechen?« muß man nach meiner Ansicht antworten: vom Augenblick der Vereinigung der männlichen und weiblichen Keimzellen an. Nach der Empfängnis beginnt eine kontinuierliche Entwicklung, die nicht unterbrochen werden darf. Abtreibung ist Mord.

Die Mutter kann sich zu ihrer Rechtfertigung auf »Notwehr« berufen. Doch das Kind würde, wenn es sich äußern könnte, sein Lebensrecht geltend machen. Wir stehen hier vor einer in sich widersprüchlichen Situation, in der eine Argumentation, die streng logisch sein möchte, nicht weiterhilft.

Die bisherige Erfahrung zeigt, daß die Mehrheit der betroffenen Frauen abtreiben wird, gleichgültig, was im Gesetz steht. Allerdings hat das Gesetz Einfluß darauf, wie das geschieht. Auf einem Küchentisch, mit behelfsmäßigen Instrumenten, wenn der Eingriff verboten ist; in einer keimfreien, mit allen Hilfsmitteln der modernen Medizin ausgestatteten Klinik, wenn er erlaubt ist. Diese Bemerkung genügt meines Erachtens, um eine tolerante Haltung zur Abtreibung zu rechtfertigen.

Fern von der unerschütterlichen Ruhe der Atome, Moleküle und Planeten, wird das Gesetz des Klügeren stärker sein als die Befehle einer utopischen Logik, um sich möglichst schadlos in eine widersprüchliche Realität einzufügen.

Die Entfaltung der Komplexität sichern und fördern

Über totalitäre Regime sagt man, in ihnen sei *alles, was nicht verboten ist, Pflicht*. Unter gesellschaftlichen Bedingungen, in denen eine allmächtige Gesetzgebung der Freiheit keinen Raum läßt, kann es nichts Neues und keine Kreativität geben. Dort, wo die offizielle Ideologie sich anmaßt, den Künstlern Vorschriften zu machen, sind die Ergebnisse kläglich.

Umgekehrt wäre es in einer völlig anarchischen Gesellschaft praktisch unmöglich, sein persönliches Leben zu organisieren. Man stelle sich nur die Verkehrsverstopfung vor, die eintreten würde, wenn wir in einer großen Anwandlung von Liberalität die Straßenverkehrsordnung abschaffen würden.

Die konkrete Realität stellt uns vor präzise Probleme. In jeder Rechtsprechung drückt sich eine bestimmte Sicht der Welt aus. Wir halten an dieser Stelle fest, daß nur eine Gesellschaft, deren Gesetze elastisch sind und einen gewissen Spielraum lassen, die Organisation des Lebens und zugleich die Entfaltung der Kreativität gewährleisten kann. Das ist das Rezept, das die Natur seit fünfzehn Milliarden Jahren anwendet. Ihm verdanken wir den Reichtum und die Herrlichkeit unseres Kosmos.

Im Gegensatz zu den Gesetzen der Atome und der Sterne sind die Gesetze der Menschen weder universal noch unverletzlich. Sie sind eine Fortsetzung der physikalischen Gesetze im Bereich der Entfaltung und Lenkung unseres Universums. Im kosmischen Rahmen sind sie Garanten der Komplexität, die nach Milliarden Jahren der Evolution des Universums entstanden ist.

10.
Ein Kirchturm über Rotbuchen

Die Natur ist ein Tempel, in dem lebende Säulen
Bisweilen verworrene Worte von sich geben;
Der Mensch geht in ihr durch Wälder von Symbolen,
Die ihn mit vertrauten Blicken beobachten.
Charles Baudelaire

Der Kirchturm von Malicorne ist von weither zu erkennen. Über Kornfelder aufragend, fügt sich seine graue Silhouette gut in die Landschaft ein. Seine Glocken zeigen Tag und Nacht jede Stunde an. Wenn er zum Gebet ruft, werden wir an den religiösen Eifer früherer Zeiten erinnert. Heute vermittelt uns die fast immer verschlossene Kirchentür eine andere Botschaft: Der Kirchturm hat die Tradition überlebt.

Das Bild dieses altmodischen Kirchturms wirft die Frage nach dem bewegten Verhältnis zwischen Wissenschaft und Religion auf. Im Geiste unserer ländlichen Wanderungen werden wir versuchen, die religiöse Funktion in den Rahmen der kosmischen Evolution einzuordnen. Welchen Sinn könnte dieses fröhliche Geläute auf dem Lande heute annehmen?

Ist Gott tot?

Der Historiker Plutarch erzählt die folgende Geschichte. Während eines Sturms hörte der Kapitän eines Schiffes eine Stimme rufen: »Der große Pan ist tot...« Im Hafen gelandet, überbrachte er diese Botschaft den römischen Hohepriestern, die ihm einschärften, sie für sich zu behalten. Diese Botschaft sollte vertraulich bleiben. Nur für die Eingeweihten. Sie sollte es lange bleiben.

Im Abendland meldet sich der Zweifel an der Religion wieder mit der Entwicklung der Wissenschaft. Daraufhin nimmt die Kirche, sich auf ihre »Unfehlbarkeit« berufend, eine unnachgiebigere philosophische Position ein. Sie sucht ihre geistige Herrschaft mit Gewalt durchzusetzen. Doch der Teil der »aufgeklärten« Bevölkerung, der von ihr abfällt, wird immer größer.

Gottes Notierung befindet sich in freiem Fall. Gefragt, welche Stellung Gott in seiner Theorie von der Entstehung der Welten einnehme, gibt Laplace Napoleon zur Antwort: »Sire, ich bedarf dieser Hypothese nicht.« Am Ende des 19. Jahrhunderts wird Nietzsche den Tod Gottes hinausschreien.[74] (In diesem Kapitel werden wir mehrfach Nietzsches Wege kreuzen.) Die Religion ist nur noch ein dürftiger Schutz gegen die Angst vor dem Tod. Daß sie sich weiterhin behauptet, liegt nur an der Unwissenheit, um was es in Wirklichkeit geht. Schon die intellektuelle Redlichkeit gebietet es, daß jeder, der einmal mit dem wissenschaftlichen Diskurs in Berührung kam, jede Art religiösen Glaubens aufgibt. Mit einer soliden Bildung wird jeder aufhören, an den Weihnachtsmann zu glauben.

Der Videorecorder ist ein aufschlußreiches, bisweilen grausam enthüllendes Instrument. Während eines Fernseh-Symposiums über die Entstehung des Lebens fragt eine Romanautorin: »Und wo bleibt Gott?« Alle sind betreten. »Oh, wie furchtbar!« entgegnet ein bedeutendes Akademiemitglied. Er greift nach einem seiner Werke und liest daraus eine treffende Passage vor, um der unwürdigen Dame so richtig zu stecken, was sie da für eine unanständige Frage gestellt hat. Der Kameramann läßt das Objektiv über die versammelten Gelehrten schweifen, die sich in Schweigen hüllen. Als der Moderator ein anderes Thema anschneidet, atmet man erleichtert auf. Die Prüfung ist beendet. Man ist wieder unter wohlerzogenen Leuten. Kürzlich mußte ein Astrophysiker, der es gewagt hatte, sich im Fernsehen zu seinen religiösen Überzeugungen zu bekennen, sich von einem Kollegen herablassend sagen lassen: »Für Ihren Fall sind die Humanwissenschaften ›zuständig‹«.

Wissenschaft oder Religion?

Meine Tätigkeit als Verbreiter von wissenschaftlichen Erkenntnissen läßt mich immer wieder mitten in diese Problematik hineingeraten. Wenn die Zuhörer im Anschluß an meine Vorträge Fragen stellen können, verwandelt sich die Szene in ein Forum, auf dem viele Menschen ihre philosophischen Überlegungen und Auffasssungen darlegen.

Mehr oder weniger unverhüllt taucht immer wieder die Frage auf, die Napoleon beschäftigte. Läßt die Synthese der Wissenschaften, die ich im Vortrag beschreibe, Raum für Gott? Sobald die Frage gestellt wird, hört man ein Murmeln der Erleichterung und der Zustimmung. Endlich hat einer gesagt, was man nicht auszusprechen wagte!

Räumen wir zunächst das Mißverständnis aus, das sich in der oft geäußerten Frage offenbart: »An was soll man glauben – Wissenschaft oder Religion?« Sie zeigt, daß viele Zeitgenossen die Wissenschaft für eine Glaubenssache halten. Sie meinen, man müsse zwischen zwei gegensätzlichen, unverträglichen Glaubensüberzeugungen wählen.

Die Wissenschaft ist kein »Glaube«. Was die traditionellen Religionen für ihre Offenbarungslehren fordern, das erwarten wir von unseren Studenten nicht: unsere Behauptungen ohne Beweise zu akzeptieren. Neben der Vermittlung der Theorie besteht unsere Aufgabe auch darin, bei ihnen jene kritische, von Skepsis und Logik geprägte Haltung zu entwickeln, ohne die es keinen wissenschaftlichen Fortschritt gäbe. Viele Studenten begreifen das nie, weil es viele Lehrkräfte selbst nicht begriffen haben...

Von den unterschiedlichen Rollen

Die Wissenschaft ist kein religiöser Glaube, und Gott ist keine wissenschaftliche Hypothese. Wie verhalten sich dann die religiösen Lehren zu den wissenschaftlichen Lehren? Fragen wir uns zunächst nach der Rolle der Wissenschaft bzw. der Religion innerhalb der menschlichen Aktivität.

Von alters her hatte die Wissenschaft die Rolle, die Menschen über die Natur der Welt, in der sie leben, aufzuklären. Astronomie, Physik, Chemie und Biologie erkunden jeweils auf ihre Weise einen Bereich der Realität. Sie zerlegen seine natürlichen Mechanismen, um sie anschließend zu einer kohärenten Synthese zusammenzufügen.

Die Wissenschaft als solche, genauer: die Naturwissenschaft, hat am Problem der »Werte« kein Interesse. Was »gut« oder »böse« ist, kümmert sie nicht. Sie gibt keine Moralurteile ab.

Sie kann uns lehren, *wie* man Atombomben baut oder *wie* man das Erbmaterial manipuliert, doch sie kann nicht die moralische Frage beantworten, *ob* wir Atomraketen herstellen oder genetische Manipulationen vornehmen *sollen*. Nicht einmal die Entscheidung, »ob man Wissenschaft betreiben soll oder nicht«, fällt in den Bereich der Wissenschaft.

Neben der Entdeckung der Welt stellt sich jedem von uns die fundamentale Frage, wie er sein Leben leben soll. Wir werden mit den ständigen Problemen der menschlichen Existenz konfrontiert: Krankheit, Leiden, Tod, Krieg. Mit der Entwicklung der Gesellschaften tauchen neue Probleme auf, denen wir uns stellen müssen. Auf allen Ebenen – in der Familie, im Beruf, innerhalb des Staates und zwischen den Staaten – müssen Beziehungen hergestellt werden. Damit das Leben erträglich ist und bleibt, müssen Normen geschaffen, Gesetze erdacht werden.

In was für einer Gesellschaft wollen wir leben? Welche Lebensweise wollen wir für uns und unsere Kinder schaffen? In diesem Rahmen müssen die Probleme, die durch die Entwicklung von Wissenschaft und Technik aufgeworfen werden, gesehen und gelöst werden. Die Fragen reichen vom Aufbau von Rüstungsarsenalen bis zur Errichtung von Staudämmen am Sankt-Lorenz-Strom. Müssen wir alles, was wir dank der modernen Technik tun können, unbedingt verwirklichen? Auf diese Fragen, die sich uns stellen, kann die Wissenschaft uns keine Antwort geben.

Der Bereich der Werte und Normen hängt traditionell mit dem Bereich der Moral und der Ethik zusammen. Seit jeher haben die verschiedenen Religionen der Welt sich um ihn gekümmert. Immer gab es einen engen Zusammenhang mit philosophischen und metaphysischen Systemen.

Kurz, die Wissenschaft ist der Bereich, in dem Erkenntnisse gewonnen werden, unabhängig davon, was sie für uns bedeuten mögen. Die Religion als Quelle der Moral ist der Bereich, in dem die Realität in bezug auf uns, unsere Situation und unser Verhalten interpretiert wird.

Man kommt hier zu der von Nietzsche so sehr geschätzten Idee der *Wertschätzung*. »Die Wertschätzung der Logik«, schreibt er, »beweist nur durch die Erfahrung bewiesene Nützlichkeit derselben für das Leben: *nicht* deren ›*Wahrheit*‹.« Die Theorien müssen nach ihrer Fähigkeit beurteilt werden, als Fermente der Lebenskraft zu dienen.

Verletzungen des Territoriums: Die Religion dringt in die Wissenschaft ein

Mit diesen Überlegungen scheinen zumindest in groben Linien die Gebiete der Wissenschaft und der Religion abgegrenzt zu sein. Wo, so kann man sich fragen, sind dann die historischen Konflikte zwischen Wissenschaftlern und Geistlichen hergekommen?

Viele Zusammenstöße beruhen auf einer Verletzung des Territoriums. Die Geistlichen sind wiederholt in den Bereich der Wissenschaft eingedrungen. Sie haben behauptet, aufgrund von Offenbarungslehren sagen zu können, »wie die Welt beschaffen ist«.

Oft lösen neue wissenschaftliche Entdeckungen solche Zusammenstöße aus. Die Vertreter offizieller Religionen leisten dann Widerstand gegen die neuen Ideen. Sie führen sich auf, als sei eine Abwandlung der bisherigen Lehre gleichbedeutend mit einer Infragestellung aller christlichen Werte. Als müsse das Christentum zusammenbrechen, wenn man einen Teil der biblischen Beschreibung der Weltentstehung aufgibt.

Im beginnenden 17. Jahrhundert zitiert der Vatikan Galilei vor seine Gerichte. Das neue kopernikanische Sonnensystem bedroht die Lehre der Kirche. Es ist undenkbar, daß die Erde, auf der Christus Mensch geworden ist, nicht der Mittelpunkt des Universums ist. Galilei entgeht den päpstlichen Verfolgungen um den Preis eines kläglichen Widerrufs. Dennoch wird er in Arcetri bei Florenz unter Hausarrest gestellt. Vor einigen Jahren ist der Prozeß im Vatikan erneut aufgerollt worden. Besser spät als nie...

Nur wenige Jahre zuvor hatte Giordano Bruno nicht soviel Glück. Es ging um eine Frage, die in der Astronomie noch immer auf der Tagesordnung steht: die Größe des Universums. »Nur Gott ist unendlich«, sagten die Theologen damals. »Der Gott, an den ich glaube, ist mächtiger als der eure«, erwiderte Bruno, »er hat ein unendliches Universum geschaffen.« Sowohl wegen seiner Ketzereien als auch wegen seiner sarkastischen Äußerungen wurde Bruno im Jahre 1600 in Rom auf dem Scheiterhaufen verbrannt.

Eine weitere Konfrontation löst gegen Ende des vorigen Jahrhunderts die Evolutionstheorie aus. Die Kirchen lehnen den tierischen Ursprung des Menschengeschlechts ab. Nur die Menschen haben eine Seele. Würde der Mensch vom Affen abstammen, müßte die Erlösung auf das ganze Tierreich ausgedehnt werden, usw.

Diese Debatten ziehen sich bis heute hin, denn in den Vereinigten Staaten wehren sich die »Fundamentalisten« dagegen, daß in den öffentlichen Schulen die Darwinsche Evolutionslehre unterrichtet wird. Sie verlangen, daß statt dessen eine »kreationistische Theorie« gelehrt wird, die sie aus einer buchstäblichen Interpretation der Genesis ableiten. Gott hat die Welt in sieben Tagen geschaffen, Eva ist aus der Rippe Adams gemacht, usw. In mehreren US-Bundesstaaten wurden Prozesse geführt, um die Lehrer zu zwingen, die Theorie Darwins und die »kreationistische Theorie« als ebenbürtig darzustellen.

Verletzungen des Territoriums: Die Wissenschaft dringt in die Religion ein

Neben den Fällen, in denen Geistliche in den Bereich der Wissenschaft eingedrungen sind, gibt es historisch mehrere Fälle, in denen sich Wissenschaftler in den traditionellen Bereich der Moral und der Religion eingemischt haben. Es kommt dann zu Konflikten, wenn versucht wird, im Namen einer »Wissenschaft« Wertmaßstäbe zu errichten und moralische Gebote zu erlassen.

Die aus der Darwinschen Lehre abgeleiteten Begriffe des »Daseinskampfes« und des »Überlebens des Tüchtigsten« sind oft benutzt worden, um unmenschliche Verhaltensweisen zu legitimieren. Man hat darin eine Rechtfertigung des rücksichtslosesten Konkurrenzkampfes und eine Verherrlichung des Kriegers sehen wollen.

Wir begegnen hier der Vorstellung, es gebe eine »natürliche« Moral, derzufolge es *richtig wäre, es der Natur gleichzutun*. Das, was man in der Natur beobachtet (oder zu beobachten glaubt), soll unterschiedslos als Vorbild des richtigen Handelns gelten. Eine Idee, die Nietzsche nicht mit seinem Spott verschonte: »›Gemäß der Natur‹ wollt ihr leben? O ihr edlen Stoiker, welche Betrügerei der Worte! Denkt euch ein Wesen, wie es die Natur ist, verschwenderisch ohne Maß, gleichgültig ohne Maß, ohne Absichten und Rücksichten, ohne Erbarmen und Gerechtigkeit, fruchtbar und öde und ungewiß zugleich, denkt euch die Indifferenz selbst als Maß – wie könntet ihr gemäß dieser Indifferenz leben?«[75]

Diese »natürliche Moral« nimmt bisweilen die wahnwitzigsten Formen an: bei den Nazi-Eugenikern mündet sie in die Beseitigung der Schwächsten, bei manchen Sekten in das Verbot, sich impfen zu lassen oder gekochte Nahrung zu essen.

Ein weiteres Beispiel für die Verletzung des Territoriums verdanken wir den Fortschritten der Tierverhaltensforschung, die das Verhalten, die Beziehungen zu den Artgenossen, das familiäre und soziale Leben der Tiere untersucht. Die Verhaltensforscher wollen zum Beispiel wissen, warum bestimmte Individuen es »akzeptieren«, keine Nachkommen zu haben. Warum stürzen sich die »Kamikaze-Ameisen« in gefährliche Situationen, in denen sie umkommen können? Inwiefern nützt ein solches individuelles oder soziales Verhalten der Gruppe? Inwiefern fördert es die Möglichkeit, Junge zu haben? Inwiefern erlaubt es diesen Jungen, unversehrt das Alter zu erreichen, in dem sie ihrerseits wieder Junge bekommen können?

Einige Wissenschaftler unter Leitung von E. O. Wilson haben vorgeschlagen, diese Tatsachen im Rahmen der »Soziobiologie« zu erklären. Die ledigen Onkel und Tanten sorgen für das Wohl der Familiengruppe der »Neffen«. Eine kleine Zahl von »Kamikaze«-Kriegern reicht aus, den Ameisenhaufen gegen äußere Angriffe zu schützen. Aber woher wissen die Betreffenden, daß sie sich so verhalten sollen?

Nach der Theorie der Soziobiologen sind diese Verhaltensweisen direkt in den Genen der Individuen einer Art verankert. So soll es etwa ein »Gen der Aggression«, ein »Gen der gegenseitigen Hilfe« und sogar ein »Gen der Homosexualität« geben. Unter den Forschern ist diese Theorie allerdings umstritten.[76]

In einem kontroversen Buch hat Wilson diese These auf das ganze menschliche Verhalten übertragen.[77] Eine in Frankreich von der »Neuen Rechten« vertretene Denkschule hat in dieser These sogar Ansätze einer neuen Ethik entdecken wollen. Viele menschliche Verhaltensweisen sollen durch die Behauptung der Soziobiologen, sie seien genetisch verankert, erklärt und gerechtfertigt werden.

Der Leser wird erkannt haben, daß wir es hier mit einer Neuauflage der »natürlichen Moral« zu tun haben, diesmal im Gewand einer »wissenschaftlichen Moral«. Nochmals: Die Entscheidung, »es der Natur gleichzutun«, ist nicht Sache der Wissenschaft, sondern einer Moral. Die Wissenschaft als solche kann uns nicht sagen, ob es richtig ist, es so zu machen wie die Natur. Statt »Soll man es so machen wie die Natur?« muß die Frage vielmehr lauten: »Wann ist es angebracht, sich an der Natur ein Beispiel zu nehmen, und wann muß man sich dagegen wehren?« In dieser Formulierung wird der moralische Charakter solcher Entscheidungen noch deutlicher.

Diese historischen Beispiele für Konflikte zwischen Wissenschaft und Religion sind eine treffende Illustration für das Thema dieses Kapitels. Die Wissenschaft bleibt auf ihrem Gebiet mit der Frage: »Wie sind die Dinge entstanden?« Sie verläßt ihr Gebiet, wenn sie fragt: »Wie sollen wir leben?« Die Religion (bzw. jede Moralphilosophie) bleibt auf ihrem Gebiet, wenn sie das Problem »Wie sollen wir leben?« erörtert, doch sie verläßt es, wenn sie das Problem »wie die Dinge entstanden sind« behandelt. Die Konflikte zwischen beiden entstehen vor allem durch Verletzungen des Territoriums.

Die heiligen Geschichten

Jede Religion stützt ihre Moral traditionell auf eine *heilige Geschichte*, die von den Ungläubigen als eine »Mythologie« bezeichnet wird. Diese heilige Geschichte gibt den Rahmen ab, innerhalb dessen das Leben seinen Sinn bekommt. Die spezifische Weisheit und Moral der jeweiligen Religion entspringt diesem Rahmen. Hier muß festgestellt werden, daß diese Weisheit und diese Moral nicht unbedingt in Frage gestellt werden, wenn die »heilige Geschichte« Dinge enthält, die nicht den Tatsachen entsprechen.

Das Christentum stützt sich beispielsweise auf die biblische Sicht des Universums, die in der Genesis ausführlich beschrieben wird. Wir wissen heute, daß die Welt nicht in sieben Tagen erschaffen wurde, sondern in fünfzehn Milliarden Jahren. Eva ist nicht aus der Rippe Adams entstanden. Die Kriege im Tierreich sind weit älter als der Sündenfall. Die Sintflut ist eine Legende. Josua hat nicht den Lauf der Sonne aufgehalten, um den Israeliten den Sieg zu gewähren. Die menschlichen Werte, die von der christlichen Weisheit gefördert werden, sind davon jedoch in keiner Weise berührt.[78]

Die indische Wedanta-Lehre verkündet, das Universum werde in regelmäßiger Wiederkehr zerstört. Danach ersteht es wie der Phönix wieder aus seiner Asche. Dieses Szenario könnte dem kosmologischen Modell des geschlossenen Universums entsprechen. In diesem Modell wird die gegenwärtige Abkühlungsphase in einigen Milliarden Jahren enden und in eine Phase der allmählichen Wiedererwärmung übergehen. Jede Art von materieller Organisation des Kosmos wird dann durch die Hitze zerstört werden. Die heute gemessene Dichte des Kosmos spricht nicht für dieses Modell. Unser Universum scheint »offen« zu sein, ohne künftige Wiedererwärmung. Aber was macht das schon! Die Wedanta-Religion wird durch diesen »Irrtum« nicht in Frage gestellt. Millionen von Menschen haben dank ihrer Lehre gleichwohl eine Weisheit gefunden, die sie ihr ganzes Leben hindurch gestützt hat.[79]

Von den unterschiedlichen, aber dennoch verbundenen Rollen

Hier muß eine wichtige Unterscheidung getroffen werden, die den obigen Ausführungen über die unterschiedlichen Rollen der religiösen und der wissenschaftlichen Aktivität zu widersprechen scheint. Zwar sagt die Wissenschaft nichts über Werte aus, aber sie hat doch die Aufgabe, jene, die moralische Entscheidungen fällen, aufzuklären. Bevor Gesetze beschlossen werden, müssen die Fakten einer genauen Prüfung unterzogen werden. Eine Sozialgesetzgebung, die sich ausschließlich auf Prinzipien berufen und nicht das reale Verhalten der Menschen berücksichtigen würde, wäre sehr wahrscheinlich unanwendbar und würde wohl auch keine Anwendung finden.

Kommen wir noch einmal auf die im vorigen Kapitel erörterte Abtreibung zurück. Durch soziologische und psychologische Untersuchungen müßte zunächst die jährliche Zahl der Fälle festgestellt werden. Es würde ferner geklärt, unter welchen Bedingungen bei der bestehenden Regelung die Abtreibungen vorgenommen werden. Diese, mit herkömmlichen wissenschaftlichen Methoden erlangten Ergebnisse würden den Gesetzgebern vorgelegt, aber nicht, um an ihrer Stelle die Entscheidung zu fällen – die Ergebnisse sind wertfrei –, sondern um ihnen alle Aspekte des Problems, über das die moralischen Entscheidungen zu treffen sind, vor Augen zu führen.

Moral, Wissenschaft und Weltbild

Die Entwicklung der wissenschaftlichen Erkenntnisse kann den Bereich von Moral und Religion auf noch gründlichere und subtilere Weise beeinflussen.

Manche wissenschaftliche Ergebnisse verändern unsere Sicht der Welt und der Stellung des Menschen in ihr. Aus ihnen ergeben sich »Weltbilder«, die das philosophische und moralische Denken zu beeinflussen vermögen.

Im sechsten Kapitel habe ich die düstere Vision beschrieben, die sich zu Beginn dieses Jahrhunderts aus den Erkenntnissen der Thermodynamik für die Zukunft der Welt zu ergeben schien: Sie war zum Wärmetod verurteilt. Der Mathematiker Bertrand Russell hat daraus in seinem Buch *Science and Religion* philosophische Folgerungen gezogen.[80] »Es gibt kein Gesetz des kosmischen Fortschritts, sondern nur eine Abwärtsschwingung und eine allmähliche Verschlechterung des Ganzen, die auf der Energiediffusion beruht. Das hält die Wissenschaft im Augenblick zumindest für das Wahrscheinlichste, und unsere ernüchterte Generation glaubt das ohne weiteres. Bei unserem gegenwärtigen Kenntnisstand kann auf die Evolution keine optimistische Philosophie gegründet werden.«

Dieses pessimistische Weltbild hat mehrere philosophische Strömungen unseres Jahrhunderts stark beeinflußt, und diese Strömungen haben ihrerseits die Entscheidungen der westlichen Gesellschaften entschieden geprägt.

Wie wir im Zusammenhang mit den »Schmetterlingen über dem Rapsfeld« gezeigt haben, wird die Thermodynamik des Universums heute anders gesehen. Seit Russell hat man erkannt, daß der Schwerkraft die Rolle eines grundlegenden Neuerers zukommt. Dank ihrer bilden sich immer wieder neue Energien, bereit, die Evolution der Komplexität fortzusetzen.

Das von Russell beschriebene Weltbild enthielt den Keim eines illusionslosen Pessimismus, der verheerende Wirkungen hatte. Das Bild, das sich aus der heutigen Kosmologie zu ergeben scheint, ist anregender. Es regt uns dazu an, den Aufstieg der Natur zu hohen Gipfeln der Komplexität zu unterstützen. Wir durchleben derzeit eine Krise. Wir setzen unsere Biosphäre der Gefahr der nuklearen Hyperrüstung und der industriellen Umweltverschmutzung aus. In dieser Hinsicht veranlaßt uns das neue Weltbild, mit allen Mitteln das Leben auf der Erde zu schützen. Ihm die besten Entfaltungsmöglichkeiten zu sichern. Wir werden alles tun, damit die Knospen der Blumen sich auch künftig öffnen.

Sind wir wirklich allein?

Ein anderer Bereich, in dem wissenschaftliche Erkenntnisse sich auf moralische Entscheidungen auswirken können, ist die Frage nach dem Ursprung des Lebens. Von der extremen Unwahrscheinlichkeit des Lebens überzeugt, haben die Biologen vielfach behauptet, wir seien allein im Universum. Diese Auffassung konnte Camus zu der Aussage berechtigen, wir seien »Fremde«, und Sartre, wir seien »zuviel«. Jacques Monod sollte später schreiben: »Das Universum trug weder das Leben, noch trug die Biosphäre den Menschen in sich.«

In den letzten Jahren haben sich die Auffassungen gewandelt. Im Lichte neuerer astronomischer Beobachtungen und von Laborexperimenten ist das Auftreten des Lebens bei weitem nicht so unwahrscheinlich. Wenn geeignete Bedingungen vorliegen, ist es, wie etliche Forscher heute meinen, mehr oder weniger unausweichlich.

Aus der Sicht der Hintergrundstrahlung sind wir alles andere als »Fremde« – wir sind die Kinder des Universums, die Söhne und Töchter der Sterne, die die Atome unseres Körpers erzeugt haben. Unser Vorhandensein hängt mit den gewaltigsten Erscheinungen des Kosmos zusammen, der Zusammenballung der galaktischen Materie, den Explosionen von Riesensternen, der Zerstreuung ihrer Überreste in den wirbelnden Strömen interstellarer Nebel und den Kollisionen von Asteroiden, die in den Anfängen des Sonnensystems zur Entstehung der Erde führten. Indem wir uns die Stellung des Menschen innerhalb dieser umfassenden Entwicklung zur Strukturierung der Materie bewußt machen, entdecken wir unsere tiefen Wurzeln in der Evolution des Kosmos.

Dieses Weltbild, das die Einfügung des Menschen in die umfassende Bewegung zur Organisation des Universums deutlich macht, kann in ganz spezifischer Weise die moralischen Entscheidungen der Menschen und der Gesellschaften erhellen. Wären wir »Fremde im Universum«, so wären wir berechtigt, jede Verantwortung für das Werden der Biosphäre abzulehnen. Als »Kinder des Kosmos« sind wir jedoch unmittelbar in seine Zukunft verstrickt. Wir müssen uns um die Gestaltung unseres Planeten kümmern. Es ist unsere Pflicht, für die volle Entfaltung der kosmischen Komplexität zu sorgen.

Die wissenschaftlichen Erkenntnisse und die weitere Forschung erhalten durch diese Beziehung zwischen Mensch und Universum doppeltes Gewicht. Die Wissenschaft sagt uns nicht nur, wie die Welt beschaffen ist, sie liefert uns außerdem die notwendigen Unterlagen, um die moralischen Entscheidungen in geeigneter Weise zu erhellen. Überdies beeinflussen die »Weltsichten«, die sich aus den Erkenntnissen ergeben, das philosophische Denken der jeweiligen Zeit und damit indirekt den – wie es so schön ausgedrückt worden ist – »Geist der Gesetze«. Dieser Punkt wurde ausführlicher (im neunten Kapitel) im Zusammenhang mit dem Fabrikschornstein auf dem Lande behandelt.

Es sei aber nochmals unterstrichen, daß diese Tatsachen als solche keine moralischen Werte enthalten. Wenn man sich entschließt, ihnen einen Wert zuzuschreiben (wie es in den »natürlichen Moralen« geschieht), so hat das mit Wissenschaft nichts mehr zu tun.

Von der Überschätzung der Begriffe

Während manchen Geistlichen vorgeworfen werden kann, Gott zum Gegenstand der Frömmelei gemacht zu haben, kann man einigen Theologen vorwerfen, ihn zu einem Begriff gemacht zu haben.

Zu den Ursachen von Konflikten zwischen Wissenschaft und Religion muß man auch noch das übertriebene Vertrauen rechnen, das in die Macht des begrifflichen Denkens als Gesetz des Universums gesetzt wird. Es stützt sich auf die Überzeugung, es gebe eine absolute »Wahrheit«, die in klaren Begriffen und eindeutigen Behauptungen ausgedrückt werden kann.

Diese Überzeugung erscheint bei den griechischen Philosophen, besonders bei Platon. Mit dem Christentum gelangt sie in den religiösen Bereich. Die christliche Religion wird in starkem Maße rationalisiert. Daran haben vor allem die Scholastiker Anteil, besonders Thomas von Aquin. Sich auf die Philosophie des Aristoteles stützend, schaffen diese Denker die Grundlagen einer rationalen christlichen Theologie. Sie führt den Beweis für die Existenz Gottes. Sie beweist seine persönlichen Attribute und die Modalitäten seiner Beziehungen zu den Menschen. Diese Behauptungen werden schließlich zu Glaubenssätzen. Sie werden den Gläubigen von der höchsten Autorität der Kirche zur Vorschrift gemacht. »Ketzer« werden verfolgt und riskieren wie Giordano Bruno den Scheiterhaufen. Wegen eines Wortes – es können auch zwei oder drei sein – wird der Krieg erklärt. Bevölkerungen, die sich nicht unterwerfen, läßt man über die Klinge springen.

Jahrhundertelang nahmen die Theologie und die »Religionswissenschaften« für sich in Anspruch, genau wie die Mathematik zum ätherischen Bereich der reinen Logik zu gehören. So konnten sie leicht die wissenschaftlichen Ergebnisse, die aus weniger noblen Bereichen – dem Experiment und der Beobachtung – stammten, in Frage stellen.

Wir begegnen hier wieder den Themen des ersten Kapitels. Indem es sein Schiff an dem der Logik festmachte, verurteile sich das religiöse Denken dazu, deren Schicksal zu teilen. Das Reich der »religiösen Wahrheiten« erleidet ähnliche Peripetien wie das Reich der Zahlen: Aufstieg, Höhepunkt und Niedergang.

Kant fiel es zu, Ende des 18. Jahrhunderts die Unfruchtbarkeit der religiösen Logik zu beweisen.[81] Über die fundamentalen Fragen – die Existenz Gottes und die Unsterblichkeit der Seele – kann die menschliche Vernunft nichts Sicheres sagen. Damit stürzt das ganze Begriffsgebäude der Scholastik in sich zusammen.

Wenn wir hier einen ähnlichen Weg einschlagen wie in den ersten Kapiteln, dann müssen wir den Ursprung der religiösen Funktion in jenem »Spielraum« suchen, dessen Bedeutung Winnicott mit Recht hervorgehoben hat.

Die religiöse Aktivität besteht – ebenso wie die Wissenschaft und die Kunst – in einer Rekonstruktion der Welt. Eines haben alle heiligen Geschichten, die irgendwo auf unserem Planeten ersonnen wurden, gemein: Sie ermöglichen es – jede auf ihre Weise – die Ereignisse des Lebens in einen kohärenten Rahmen einzuordnen. Die Realität ist unerträglich, wenn man sie nicht »denken« kann. Das Leiden und der Tod von geliebten Menschen können dann akzeptiert werden, wenn man ihnen einen »Sinn« geben kann. Die traditionelle Religionskritik hat in dem Punkt recht: Die Religion ist aus dem Bedürfnis entstanden, die Angst vor dem Tod zu beschwichtigen.

Inhaltlich haben diese heiligen Geschichten nicht viel miteinander gemein: Man findet dort alles – und auch sein Gegenteil. Daran sehen wir, daß die Religionen außerstande sind, uns zu erklären, wie die Welt beschaffen ist. Würde man diese Geschichten wörtlich nehmen, entstünde die größte Verwirrung.

Fragwürdig wird die Religionskritik, wenn sie behauptet, die Religion sei *nichts anderes* als ein Versuch der moralischen Stärkung. Daß die religiöse Aktivität letztlich auf dem Bedürfnis beruht, sich der Angst vor dem Tod zu erwehren, bedeutet nicht, daß sie sich darauf *reduziert*. Diese Angst ist meines Erachtens die Triebkraft, die die Menschen dazu gebracht hat, sich über den eigentlichen Sinn der Welt Gedanken zu machen.

Die Widersprüche und wissenschaftlichen »Fehler« der heiligen Geschichten werden bedeutungslos, wenn man bereit ist, diese nicht wörtlich zu nehmen, wenn man anerkennt, daß sie eine symbolische Sprache benutzen. Wir erkennen dann, daß jede auf ihre Weise eine andere Facette unseres geheimnisvollen Universums beschreibt. Sie stellen keine abendländischen Wissenschaften oder Philosophien dar, sondern östliche Weisheiten. Keine hat einen Ausschließlichkeitsanspruch auf die »Wahrheit«, sondern jede berührt irgendwo einen verborgenen Aspekt der Realität.

Die religiöse Funktion benutzt die Sprache in einer ihr eigenen Weise. Die Wörter sind für sie nicht Träger exakter Informationen wie in der Wissenschaft, noch sind sie Quellen von Emotionen wie in der Poesie, sondern sie sind Symbole, die uns mit einer unbekannten Welt verbinden (siehe Anmerkung 38). Nehmen wir beispielsweise das Wort »Gott«. In der Regel bezeichnet dieses Wort die Intuition von etwas Geheimnisvollem, das mit dem Verstand nicht erfaßt werden kann. Kant sagt mit Recht, daß weder die Existenz noch die Nichtexistenz dieses Etwas bewiesen werden kann.

Die Mehrzahl der Gläubigen hat das inzwischen weitgehend begriffen. Die römische Kirche hat nicht nur ihre weltliche Herrschaft aufgegeben, sie hat auch auf die Vorherrschaft im geistigen Bereich verzichtet. Es gibt heute kaum noch Gläubige, die im Namen religiöser »Wahrheiten« die Ergebnisse der Wissenschaft in Frage stellen. Nur wenige Christen würden so argumentieren, wie es ihnen Nietzsche spöttisch in den Mund gelegt hat: Die Wissenschaft könne nicht wahr sein, weil sie Gott leugne. Ergo sei sie nicht von Gott, ergo sei sie nicht wahr, denn Gott sei die Wahrheit.[75]

Saturn und die Erfahrung der Welt

Wenn die Nächte klar sind, beobachten wir in Malicorne den Himmel mit einem kleinen Fernrohr. Einige Freundinnen und Freunde haben dort zum ersten Mal den Saturn und den Andromedanebel gesehen. Für viele ist es ein Schock, sie sind von dem Anblick aufgewühlt.

Dabei hatten sie fast alle zuvor Farbphotos gesehen, die unzweifelhaft sehr viel detailreicher waren als das winzige Bild, das mein kleines Fernrohr liefert. Warum dieser Schock?

Die Antworten und Kommentare fallen unterschiedlich aus. Einer sagt zum Beispiel: »Im Fernrohr sieht man es ›wirklich‹, in den Büchern nur Reproduktionen.« Ein anderer: »Beim Himmel hat man den Eindruck von Tiefe, den die Abbildung nicht vermittelt. Der Himmel hat drei Dimensionen, die Buchseite nur zwei.« Wieder ein anderer: »Dem Gedruckten kann man nie ganz trauen.«

Wirklich überzeugend ist keine dieser Antworten. Bei der ersten möchte man daran erinnern, daß unser Auge sowohl das Bild im Fernrohr wie das im Buch nur deshalb wahrnimmt, weil Photonen auf unsere Netzhaut treffen; bei der zweiten, daß unser Sinn für die dritte, die räumliche Dimension bei der Entfernung des Saturn oder der Andromeda völlig nutzlos ist; bei der dritten, daß es heutzutage nicht gerade einleuchtend ist, der NASA oder den großen astronomischen Observatorien zu mißtrauen – glaubt wirklich jemand, sie würden ihre Dokumente verfälschen?

Ich denke, daß die Erschütterung in Wirklichkeit eine andere Ursache hat. Vielleicht hat sie etwas von dem Geheimnisvollen und Unerklärlichen, das ich als unser innigstes Verhältnis zur Realität bezeichnen möchte. In die gleiche Kategorie gehört wohl die religiöse Erfahrung.

Gott ist nicht mehr, was er einmal war

Daß die Zuhörer von astronomischen Vorträgen beharrlich auf die Frage der Religion zurückkommen, erscheint mir sehr bezeichnend. Wenn ich den Eindruck, den das bei mir hinterläßt, kurz zusammenfassen sollte, würde ich sagen, daß Gott noch längst nicht tot, sondern bei unseren Mitmenschen sehr lebendig ist. Aber er ist nicht mehr, was er einmal war.

Seine Stellung hat sich grundlegend geändert. Sein Reich ist nicht mehr der Bereich des Verstandes. Er ist nicht mehr »die Wahrheit«. »Was ist die Wahrheit?«, fragte schon Pontius Pilatus vor zweitausend Jahren. Diese verfängliche Frage hat gegenüber der mit Unfehlbarkeit ausgestatteten Kanzel in Rom die Oberhand behalten.

Gott ist jetzt ganz anderswo zu finden. Nicht mehr bei den Gewißheiten, sondern bei den Fragen begegnet man ihm. Er hat seinen Platz bei jedem von uns auf der Reise nach innen. Er ist der geheime Leitfaden jenes Weges, der sich durch unser ganzes Leben hinzieht. Er ist untergemischt in unsere Ängste und Fragen nach dem eigentlichen Sinn der Dinge.

Er hängt zusammen mit der innersten Überzeugung, daß es jenseits des Sichtbaren »etwas« gibt, in das wir zutiefst, vital, existentiell verstrickt sind. Ein »etwas«, dem weder das Veilchen in den Wäldern noch die Feynman-Diagramme noch die Vernichtungslager der Nazis noch das »Requiem« von Mozart fremd sind.

In der Ferne erkenne ich, über das ausgedehnte Laubwerk hinweg, wieder den Turm der Kirche von Malicorne. Dieses bescheidene Bauwerk bleibt, auch wenn es meistens leersteht, in unseren Augen das Symbol dessen, was wir angesichts des unergründlichen Mysteriums der Realität im Innersten empfinden.

Anhänge

1.
Maximale und reale Entropie

In einem expandierenden Universum wächst die reale Entropie *nicht so schnell* wie die maximale Entropie. Das läßt sich wie folgt zeigen.

Wichtig ist, das Volumen des Raumes, den wir betrachten wollen, korrekt zu definieren. Zuvor sei an den Begriff »Kausalitätskugel« erinnert. Es geht dabei um eine Kugel, deren Radius näherungsweise durch das Produkt von Lichtgeschwindigkeit und Alter des Universums gegeben ist. Jeder Kontakt jenseits dieser Kugel ist ausgeschlossen. Man sagt auch, das Volumen dieser Kugel sei vom »kosmologischen Horizont« begrenzt. Die maximale, in einem bestimmten Moment verfügbare Energiemenge ist die in dieser Kugel enthaltene Menge. Wir müssen also das Volumen für unsere Abschätzung wählen.

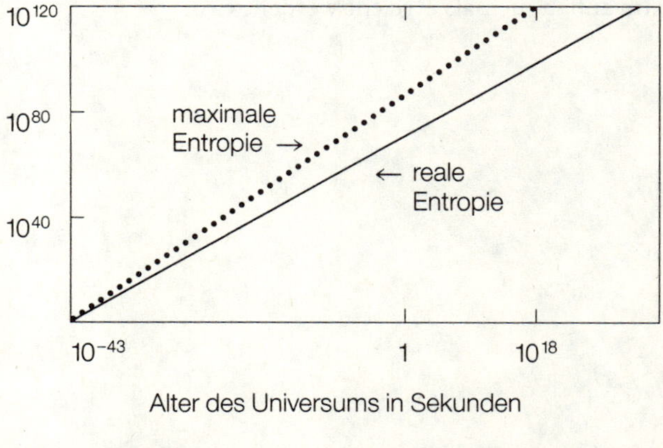

Wachstum der Entropie des Kosmos. Auf der Abszisse ist die Zeit in Sekunden (logarithmische Einheiten) seit der Planckschen Zeit (10^{-43} Sekunden) angegeben, auf der Ordinate die maximale (gepunktete Linie) und die reale Entropie. Die ständig zunehmende Differenz liefert das Maß der kosmischen *Information*. Sie ist die Quelle der Organisation im Universum.

Die maximale Entropie in diesem Volumen erhielte man durch Umwandlung der gesamten, darin befindlichen Energie in ein einziges Schwarzes Loch, dessen Masse dann (über die Einsteinsche Äquivalenzbeziehung) gleich dieser Energie wäre. Die Kausalitätskugel dehnt sich mit der Zeit aus, und proportional wächst die in ihr enthaltene Energiemenge. Die maximale Entropie ist folglich keine feste, definierte Größe. Sie nimmt mit der Expansion zu. Man kann zeigen, daß sie proportional zum Quadrat der Zeit (zur Zeit in zweiter Potenz) zunimmt.

Den größten Beitrag zur realen Entropie des Universums liefert die fossile Strahlung. Sie nimmt ebenfalls mit der Kausalitätskugel zu, aber langsamer als die maximale Entropie [proportional zur Potenz *drei Halbe* (3/2) der Zeit, wenn die Dichte der Strahlung im Universum überwiegt, und zur Potenz *eins*, wenn die Materie überwiegt].

Daraus ersieht man, daß das Verhältnis zwischen maximaler und realer Entropie mit der Quadratwurzel der Zeit (Potenz 1/2) zunimmt, solange die Strahlung dominiert, und linear mit der Zeit, wenn die Materie dominiert. Daher die Schlußfolgerung, daß der Zustand maximaler Entropie in einem expandierenden Universum und solange diese Expansion anhält niemals erreicht werden wird.

2.
Die zeitliche Umkehrbarkeit der physikalischen Phänomene *in vitro* und *in vivo*

Ein Paradoxon, von dem in der Physik häufig die Rede ist, besteht in der Umkehrbarkeit der elementaren physikalischen Prozesse, im Gegensatz zur Unumkehrbarkeit der Ereignisse im realen Leben: dem Schmelzen eines Eiswürfels in einem Glas mit lauwarmem Whisky oder dem Zerspringen einer zu Boden fallenden Kristallschale.

Üblicherweise verknüpft man diese Unumkehrbarkeit mit den Begriffen der *wahrscheinlichen* und der *unwahrscheinlichen Situation*. Der Schlüsselbegriff lautet *plausibel*. Es ist nicht unmöglich, sondern nur äußerst unwahrscheinlich, daß in einem Glas mit kaltem Whisky spontan ein Eiswürfel entsteht. Den Eiswürfel schmelzen zu sehen, ist unendlich viel wahrscheinlicher, als seine Bildung zu beobachten. Man entscheidet sich folglich für die erste Sequenz, weil sie plausibel ist, die zweite dagegen nicht.

Betrachten wir als ein Ereignis, das für eine elementare physikalische Reaktion typisch ist, die elastische Diffusion eines Elektrons durch ein anderes Elektron. Im Anfangszustand nähern sich die beiden Elektronen einander, im Endzustand entfernen sie sich voneinander. Die Gleichungen, die diese Situation beschreiben, sind dieselben wie für die zeitlich umgekehrte Situation. Der Anfangszustand der ersten Reaktion wird zum Endzustand der zweiten und umgekehrt.

Man pflegt zu sagen, daß der Pfeil der Zeit diesem einfachen Ereignis nicht einbeschrieben sei: Vergangenheit und Zukunft sind ununterscheidbar. Dieses Ereignis befindet sich im Zustand der Umkehrbarkeit bezüglich der Zeit.

In vitro und *in vivo*

Doch schauen wir uns die Sache genauer an. Alle übrigen Wechselwirkungen, welche diese Elektronen mit dem Rest des Universums haben, wurden bewußt vernachlässigt. Sie wurden in Gedanken abgetrennt. Einen solchen Versuch nennen die Biologen ein Experiment *in vitro*.

Anders ist die Situation *in vivo*. Das Universum ist nicht leer. Das All ist von Strahlungen erfüllt. Da ist zunächst die kosmische Hintergrundstrahlung (die fossile Strahlung) von 2,7 K; sie besteht aus Photonen von einer Energie von etwa einem Milli-Elektronvolt. Nach der Urknalltheorie muß es außerdem »fossile Strahlungen« von Neutrinos und Gravitonen geben. Hinzuzufügen sind die Energien des »Quantenvakuums«: virtuelle Teilchen, die zusammenhängen mit den Fluktuationen der die einzelnen physikalischen Wechselwirkungen repräsentierenden Felder. Das heißt, daß die Reaktionen, an denen nur die zwei Körper beteiligt sind, theoretische Fiktionen sind, die auf die Realität nicht zutreffen.

Die Intensität dieser Felder hängt wiederum mit der Dichte der kosmischen Materie zusammen. *Und diese nimmt im Laufe der Zeit ab*. Dies ist das Element, von dem wir genau klären müssen, wie es sich zum Pfeil der Zeit verhält.

Man könnte versucht sein, den folgenden Weg einzuschlagen. Wir berücksichtigen die Tatsache, daß unsere Test-Elektronen im Falle *in vivo* mit diesen weiteren Teilchen wechselwirken können. So kurz die betrachtete Bahn auch sei, die Wahrscheinlichkeit, daß das Elektron von diesen Teilchen beeinflußt wird, was eine Änderung seiner Bahn nach sich zieht, ist von Null verschieden. Diese Änderung ist nicht dieselbe in der umgekehrten Sequenz, denn im »echten« Fall nimmt die Dichte während der zurückgelegten Wegstrecke *ab*, in der »umgekehrten« Sequenz dagegen *zu*.

Daraus darf man jedoch nicht schließen, wir hätten hier einen Weg gefunden, um die Richtung des Pfeils der Zeit festzustellen. Wir wissen lediglich, daß eine der Sequenzen in einem erkaltenden, die andere dagegen in einem sich erwärmenden Universum abläuft. Wir haben bloß gelernt, die Bahn eines Teilchens mit der Dynamik des Universums zu verknüpfen.

Expansion und Unumkehrbarkeit

Die Expansion im Sinne einer dynamischen, auf alle Galaxien einwirkenden Erscheinung ist ein umkehrbares Phänomen. Tatsächlich ist ihr kein Pfeil der Zeit einbeschrieben. Sie erzeugt keine Entropie. Ihre zeitliche Umkehrung, die Kontraktion, wird ebenfalls von den umkehrbaren Gleichungen des kosmologischen Modells beschrieben.

Nehmen wir an, unsere beiden Test-Teilchen seien zwei energiereiche Elektronen aus der kosmischen Strahlung. Die Wechselwirkung dieser Teilchen mit den Millimeter-Photonen der Hintergrundstrahlung führt zur Emission einer Reihe von ultravioletten Photonen, die als Bremsstrahlung die Bewegung der Elektronen zunehmend abbremsen. In der »echten« Sequenz absorbieren die Elektronen Millimeter-Photonen und emittieren UV-Photonen, die zu ihrer Verlangsamung führen. In der »umgekehrten« Sequenz absorbieren sie aus der Außenwelt kommende UV-Photonen, von denen sie beschleunigt werden, und emittieren Millimeter-Photonen. Eine Reihe von UV-Photonen, die gerade zur rechten Zeit aus dem Kosmos kommen, um die Elektronen auf ihrer Bahn zu beschleunigen, ist hinreichend unwahrscheinlich, um uns die Richtung des Pfeils der Zeit zu verraten.

Doch welcher Zusammenhang besteht zwischen der Expansion des Universums und der Verlangsamung der Elektronen aus der kosmischen Strahlung auf ihrer Bahn? Entscheidend ist hier, daß diese Elektronen eine weit höhere Energie haben als die Hintergrundstrahlung, in der sie sich bewegen. Die Materie des Universums ist nicht in einem Zustand thermischen Gleichgewichts, in dem alle Teilchen im Mittel annähernd die gleiche Energie hätten und beschleunigende Kollisionen genauso plausibel wären wie verzögernde Kollisionen.

Dies war nicht die Situation in der sehr fernen, sehr dichten und sehr heißen Vergangenheit unseres Universums. Die Materie befand sich damals im thermischen und im Reaktionsgleichgewicht. Die durch die verschiedenen Wechselwirkungen induzierten Reaktionen vom Typ $A + B \rightarrow C + D$ waren im Gleichgewicht mit den umgekehrten Reaktionen $C + D \rightarrow A + B$ (d. h. ebenso häufig).

Nun ist die Expansion als dynamisches Phänomen zwar umkehrbar, doch ist sie indirekt dafür verantwortlich, daß in unserem heutigen Universum Gebiete des thermischen und Reaktions-Ungleichgewichts entstanden sind. Eines der Merkmale dieser Gebiete ist der Umstand, daß dort die Wörter »plausibel« und »unplausibel« anwendbar sind. In ihnen sind bestimmte Reaktionen wahrscheinlich, ihre Umkehrungen dagegen unwahrscheinlich. Dank der Existenz dieser Gebiete können wir den Pfeil der Zeit identifizieren (beispielsweise durch die Verzögerung der Elektronen der kosmischen Strahlung).

Wie erklärt es sich, daß die Expansion zur Entstehung von Gebieten des Ungleichgewichts führt? Es beruht, grob gesagt, darauf, daß die Expansion und Abkühlung der kosmischen Materie zu schnell verläuft, als daß die verschiedenen Wechselwirkungen ihr ursprüngliches Gleichgewicht erhalten könnten. Daß es heute Teilchen gibt, deren Energie größer ist als die mittlere Energie der Photonen der Hintergrundstrahlung (wie zum Beispiel die Elektronen der kosmischen Strahlung), verdanken wir der Entstehung dieser Ungleichgewichtszustände und folglich der Expansion.

Um es zusammenzufassen: Die Expansion ist zwar ein umkehrbares Phänomen, doch ist sie indirekt für die Entstehung dieser Ungleichgewichtszustände verantwortlich, die *allen* Phänomenen der Realität, wenn man sie nur in ihrem realen Kontext untersucht, den Pfeil der Zeit einbeschreiben.

Nun zurück zu unserem Schulbeispiel: Die Elektronen sind *in vitro*, das heißt willkürlich abgeschnitten von allen Wechselwirkungen außer denen, die sich zwischen den beiden abspielen. Außerdem werden alle Wechselwirkungen außer den elektromagnetischen ausgeblendet.

Praktisch läuft das darauf hinaus, die Elektronen in einen hypothetischen Behälter zu tun, der völlig leer ist und vollständig gegen alle Wechselwirkungen abschirmt. Auch wenn ein solcher Behälter realisierbar wäre, müßten wir nach einer Prüfung der physikalischen Situation das untersuchte System anders definieren. Es bestünde aus den beiden Elektronen und dem Behälter selbst. Dieser Behälter steht nun aber in Wechselwirkung mit der Außenwelt, und insofern wäre er den oben erwähnten Ungleichgewichten ausgesetzt. Damit sind wir wieder bei dem zuvor beschriebenen Fall. *In vitro* gibt es ebenso wenig Umkehrbarkeit wie *in vivo*.

3.
Quantenphysikalische Fluktuationen und pythagoreische Mythologien

Gelegentlich wird die Idee geäußert, unser Universum könnte aus einer »quantenphysikalischen Fluktuation« entstanden sein, die einen »Riß der Raumzeit« provozierte beziehungsweise mit ihm einherging; alles, was wir beobachten: Galaxien, Sterne, Planeten, Atome, Moleküle und auch die lebenden Organismen, Pflanzen und Tiere, darunter natürlich auch wir selbst mit unserem fragenden Gehirn – wäre danach eine Manifestation dieses Risses. Nichts ist verlockender, als den Übergang vom »Nichts« zum Sein mit dieser Fluktuation gleichzusetzen und zu behaupten, man habe eine Erklärung für die berühmte Frage von Leibniz gefunden, der ja bekanntlich darüber gegrübelt hat, warum es »etwas« gibt und nicht vielmehr »nichts«.

Halten wir, bevor wir fortfahren, zunächst fest, daß es hier um diese berühmten quantenphysikalischen Fluktuationen geht. Sie treten in der Atomphysik auf, wie sie insbesondere in den Jahren 1920-1930 von Werner Heisenberg formuliert wurde. Die Quantentheorie setzt der Definition bestimmter Eigenschaften der Materie Grenzen. Sie erklärt besonders für den Fall instabiler Systeme (also solcher, die nur eine Zeitlang existieren, z. B. eines radioaktiven Atoms wie des Urans), daß es unmöglich ist, *gleichzeitig* die Energie dieses Systems und die Dauer seiner Existenz mit beliebig großer Genauigkeit zu *definieren* (und folglich zu *bestimmen*). Jede Verbesserung der Genauigkeit eines dieser beiden Parameter erfolgt zu Lasten der Möglichkeit, den anderen Parameter genau zu bestimmen.

Fügen wir gleich hinzu, daß diese sonderbare Eigenschaft, die sogenannte quantenphysikalische Unschärfe, kein Kunstgriff ist, von dem man meinen könnte, man werde ihn leicht los. Er ist ein untrennbarer Bestandteil der Theorie selbst. Wenn man ihn ablehnt, lehnt man damit die Theorie insgesamt ab. Das aber wäre angesichts der ungewöhnlichen Leistungsfähigkeit der Theorie ein echter Verlust.

Als »Vakuum« bezeichnet man in der Physik ein Raumvolumen, in dem sich keinerlei Materie und keinerlei Energie befindet. Die Quantenphysik stellt nun eine recht erstaunliche Behauptung auf: Ein solches Volumen kann nicht während einer endlichen Zeitperiode leer bleiben, ohne gegen die Unschärferelation zu verstoßen. Sonst wäre es möglich, exakt sowohl die Energiemenge des durch dieses Volumen repräsentierten Systems – in diesem Fall eine Nullmenge – als auch die Lebensdauer des Systems zu bestimmen.

Tatsächlich beobachtet man, daß spontan Energien »geschaffen« werden, die sogenannten »Energien des Vakuums«. Sollte der Leser darüber erstaunt sein, so waren es die Physiker vor ihm auch. Mittlerweile haben sie sich daran gewöhnt… Die Natur verhält sich manchmal recht eigenartig. Man muß sie nehmen, wie sie ist…

Diese Energien äußern sich im allgemeinen darin, daß Teilchenpaare auftreten, beispielsweise Elektronen und Positronen. Die am Auftreten eines solchen Paares beteiligte Energie beträgt etwa eine Million Elektronvolt. Nach sehr kurzer Zeit »vernichtet sich« das Paar, und das System befindet sich wieder in seinem Anfangszustand. Dieses Phänomen, die sogenannte »quantenphysikalische Fluktuation«, wiederholt sich viele Male. Man sagt, daß das Vakuum »schnurrt«. Dieses Schnurren beeinflußt besonders die Atome, die man dort einbringen könnte (Lamb-Effekt). Die Realität dieser Phänomene wird mit großer Präzision durch Laborbeobachtungen bestätigt.

Die Erschaffung neuer Teilchen beschränkt sich nicht auf Elektron-Positron-Paare. Auch sehr viel massereichere Teilchenpaare können im Vakuum erzeugt und vernichtet werden. Aus den Unschärferelationen folgt, daß, je massereicher die Teilchen sind, desto kürzer die Lebensdauer des Paares ist. Die Grenze ist gegeben durch die Plancksche Masse (rund 20 Mikrogramm).

Dieses erstaunliche Phänomen legt zwanglos den Gedanken nahe, daß das ganze Universum aus einer quantenphysikalischen Fluktuation hervorgegangen sein könnte. In der quantentheoretischen Kosmologie nimmt dieser Gedanke die Form des Modells eines alle Eigenschaften der Materie verkörpernden Universums an.

Man kann sich nun überlegen, ob dieser Ansatz nicht etwas für die Frage von Leibniz hergibt. Dazu nimmt man *zunächst* ein leeres Universum an, in das die quantenphysikalischen Fluktuationen *anschließend* eine entsprechende Materiemenge hineingebracht haben könnten. Das »Nichts«, aus dem »etwas« hervorgehen soll, wäre danach ein Universum, das zwar leer ist, aber dennoch bereits vollkommen den Gesetzen der Physik gehorcht... Denn nur im Rahmen dieser Gesetze können die quantenphysikalischen Fluktuationen erfolgen.

Man nimmt mit anderen Worten – und immer noch im Sinne der Leibnizschen Frage – an, daß die Zeit, der Raum und die Gesetze der Physik *vor* der Materie existieren und als »nichts« betrachtet werden können und daß allein die Materie als »etwas« bezeichnet zu werden verdient. Diese angenommene Präexistenz erinnert unwillkürlich an den pythagoreischen Mythos, von dem im ersten Kapitel dieses Buches die Rede war.

Hier muß daran erinnert werden, daß das »Nichts« der Metaphysik – im Gegensatz zum »Vakuum« der Physik – es sich schuldig ist, wirklich leer zu sein. Es darf also weder die Zeit noch den Raum und vor allem nicht die schon im voraus bestehende Herrschaft der physikalischen Gesetze enthalten. Nichts ist eben nichts...

Diese Diskussion ruft uns unwillkürlich das fünfte Bekenntnis des Augustinus in Erinnerung. Auf die Frage hin: »Was tat Gott vor der Erschaffung der Welt?« führt er zunächst, um seine Mißbilligung auszudrücken, eine im fünften Jahrhundert gängige Antwort an: Er bereitete die Hölle für diejenigen vor, die auf diese Weise versuchen würden, die göttlichen Geheimnisse zu ergründen. Seine eigene Antwort war, daß die Frage keinen Sinn habe. Sie setze voraus, daß es die Zeit vor der Erschaffung des Universums gegeben habe, jene Zeit, in der man sich fragte, was Gott in ihr tat. Die Zeit, sagt Augustinus mit einem an Einstein erinnernden Beiklang, ist unlösbar mit dem materiellen Universum verbunden, mit dem sie im Augenblick der Schöpfung hervortritt.

Die gleichen Überlegungen gelten für die Modelle von Baby-Universen, von denen in den letzten Jahren soviel die Rede war. Inspiriert von den Eigenschaften der Schwarzen Löcher, benutzt man die Eigenschaften sehr intensiver Gravitationsfelder, um neue Universen zu erzeugen, die mit unserem Universum keinerlei Verbindung haben. Dabei bleibt man aber immer im Rahmen einer erzeugenden Physik, die vor all diesen Neugeborenen existiert.

Anmerkungen

1. Kapitel

1. Zur Wissenschaft des Altertums empfehle ich Luciano de Crescenzo *Pythagore Superstar*, 1985, und *Les Penseurs grecs avant Socrate*, 1964.

2. Dies erinnert merkwürdig an die Arbeit des modernen Informatikers, der die Anzahl von »pixels« berechnet, die zur Aufzeichnung und Wiedergabe eines Dokuments erforderlich ist...

3. Der englische Kosmologe Roger Penrose bekennt in einem Interview (abgedruckt in *Scientific American*, November 1989, S. 18), »mit Platon darin übereinzustimmen, daß die Wahrheit in der Mathematik verkörpert ist und irgendwo existiert, unabhängig von der physikalischen Welt und sogar unabhängig vom menschlichen Denken«. Er fährt fort: »Die Wissenschaftler erfinden die Wahrheit nicht – sie entdekken sie.« Siehe *The Emperor's New Mind*, Oxford University Press 1989.

Über ein verwandtes Thema schreibt Louis de Broglie: »Der Erfinder hat plötzlich das ganz deutliche Gefühl, daß die Konzeptionen, auf die er gestoßen ist, sofern sie exakt sind, schon existierten, bevor sie jemals im menschlichen Gehirn gedacht wurden.« *Le Continu et le Discontinu en physique moderne*, Paris: Albin Michel 1941, S. 81.

4. Zitiert in Morris Kline, *Mathematics: the Loss of Certainty*, Oxford University Press 1981.

5. Descartes, *Meditationen über die Grundlagen der Philosophie*, Hamburg: Felix Meiner 1959, S. 115f. Hier der exakte Wortlaut mit einigen zusätzlichen Abschnitten:

»... ich erkenne, wenn ich nur aufmerke, außerdem auch Unzähliges Einzelne über die Gestalten, die Zahl, die Bewegung und dergleichen, dessen Wahrheit so offenkundig ist und so sehr meiner Natur entspricht, daß es mir, während ich es zuerst entdecke, so vorkommt, als ob ich nicht sowohl irgend etwas Neues lernte, als vielmehr mich dessen, was ich schon vorher wußte, erinnerte, oder zum erstenmal *auf das achtete, was längst in mir war,* aber ohne daß ich schon früher mein Augenmerk darauf gerichtet hätte.

Hierbei verdient nun meiner Meinung nach die höchste Beachtung, daß ich bei mir unzählige Vorstellungen finde von gewissen Dingen, von denen man, *wenngleich sie vielleicht nirgendwo außer mir existieren,* dennoch nicht sagen kann, sie seien nichts. Und wenngleich ich sie gewissermaßen willkürlich denke, so erfinde ich sie dennoch nicht, vielmehr haben sie ihre wahrhaften und unveränderlichen Naturen. Wenn ich mir z. B. ein Dreieck bildlich vorstelle, so mag vielleicht eine solche Figur nirgend in der Welt außer meinem Bewußtsein existieren, noch je existiert haben, dennoch hat sie fürwahr eine bestimmte Natur oder Wesenheit oder Form, die unveränderlich und ewig ist, die *weder von mir ausgedacht ist*, noch von meinem Denken abhängt, wie daraus hervorgeht, daß sich von diesem Dreieck mancherlei Eigenschaften beweisen lassen, wie daß seine drei Winkel gleich zwei rechten sind, daß bei ihm dem größten Winkel die größte Seite gegenüber liegt und dergleichen, was ich jetzt klar erkenne, ich mag wollen oder nicht, wenngleich ich vorher keineswegs an diese Eigenschaften gedacht habe, als ich mir das Dreieck bildlich vorstellte, und ich sie also auch nicht ausgedacht haben kann.

Auch ist es für die Sache ohne Belang, wenn ich sage, mir sei etwa von den äußeren Dingen durch Vermittlung der Sinnesorgane jene Vorstellung des Dreiecks gekommen, da ich ja bisweilen Körper von dreieckiger Form gesehen habe. Kann ich doch unzählige andere Figuren mir ausdenken, über die kein Verdacht entstehen kann, sie seien jemals durch Vermittlung der Sinne in mich hineingekommen...«

2. Kapitel

6. Die Linguisten werden mir sagen, das Wort »inventer« [frz. für »erfinden«] stamme vom lateinischen *invenire*, das »finden« und damit »entdecken« bedeute. Ich verwende es hier in der herkömmlichen Bedeutung, die dem »erschaffen« verwandt ist.

7. Hier zu diesem Thema die Meinungen einiger großer Denker und Mathematiker, zitiert in Morris Kline, *Mathematics: the Loss of Certainty*, *op. cit.*

Dedekind: »Wir (die Mathematiker) haben die Fähigkeit zu erschaffen.«

Weierstrass: »Der wahre Mathematiker ist ein Dichter.«

Wittgenstein: »Der Mathematiker ist ein Erfinder und nicht ein Entdecker.«

Morris Kline selbst: »Die Tatsache, daß die negativen, irrationalen und imaginären Zahlen weder Deduktionen aus empirischen Entdeckungen noch ganz offenbar Entitäten sind, die in einer Außenwelt existieren, zeigt deutlich, daß der Mathematiker ein Erfinder ist.«

8. Seit einigen Jahren hat sich um die »Chaostheorien« ein neuer Bereich der Mathematik konstituiert. Wir werden im zweiten Teil des Buches darauf zu sprechen kommen. Man hat in diesem Rahmen zeigen können, daß die Zahl der an der Beschreibung der Realität beteiligten mathematischen Systeme weit größer ist als bis dahin angenommen. Insbesondere erweisen sich neue, sogenannte »fraktale« Geometrien als sehr nützlich bei der Beschreibung physikalischer Phänomene, von denen man bis dahin annahm, sie ließen sich in keine mathematische Formulierung fassen. Das Wort »fraktal« zeigt an, daß diese Geometrien nicht zwei oder drei Dimensionen haben, sondern Bruchzahlen als Dimension, zum Beispiel 1,63...

9. Bertrand Russell, *Portraits from Memory*, 1958.

10. Stephen Hawking, *Eine kurze Geschichte der Zeit*, Reinbek 1988.

11. Mit der heutigen Technik sind solche Temperaturen natürlich nicht zu erreichen. Es ist fraglich, ob man es jemals schaffen wird, sie im Labor zu reproduzieren. Woher man von diesen Schwierigkeiten weiß? Weil man in der mathematischen Formulierung selbst auf unannehmbare Inkohärenzen stößt. Weil beispielsweise bei Wahrscheinlichkeitsberechnungen unendliche Lösungen herauskommen.

12. R. Pirsig, *Zen und die Kunst ein Motorrad zu warten*, Frankfurt am Main 1976. Die Frage sollte besser so formuliert werden: »Waren ein Kieselstein, neben einen anderen Kieselstein gelegt, zur Zeit der Dinosaurier zwei Kieselsteine?« Pirsigs Formulierung impliziert die Existenz von »zwei«. Schon die Existenz von »eins« ist zu dieser Zeit fraglich.

13. Ich fand dieses Zitat in dem Buch von Rémy Chauvin, *Dieu des fourmis, Dieu des étoiles*, Pré-aux-Clercs, 1988.

14. Man kann die Situation auch in der Weise illustrieren, daß man das Duo »Gehirn« und »Denken« bittet, uns die Sache mit der Uhr und dem Uhrmacher zu erklären.

Zunächst fragt »Denken« nach sich selbst und entdeckt, daß es von einem »Gehirn« produziert wird, einer Art Maschine zur Produktion von »Denken«. Es gibt kein Denken ohne Gehirn, so wie es keine Uhr ohne Uhrmacher gibt. Danke, Voltaire.

Doch »Gehirn« sagt uns, daß jede Maschine im allgemeinen einem Plan entspricht, dessen Aufstellung das vorherige Wirken von »Denken« verlangt.

Daher der Dualismus: Was ist zuerst da? Das Gehirn oder das Denken? Das Hin und Her zwischen diesen beiden Elementen ist in seiner Dialektik reicher als der Dualismus Uhr-Uhrmacher, denn der Uhrmacher verweist auf gar nichts.

Aber ist dieses Erste denkbar? Und wenn es denkbar ist, ist es wirklich das erste, wo doch die Begriffe, die es beschreiben, ihm vorausgehen, ganz wie im übrigen das Denken selbst?

15. Piaget, *Psychologie et Epistémologie*, Gauthier, S. 145. Ich würde, nebenbei gesagt, den reduktionistischen Charakter der negativen Formulierung, daß das Universum dem Menschen *nur* mittels der Logik bekannt sei, in Frage stellen. Was dieses Thema angeht, ziehe ich die holistischeren Visionen beispielsweise eines Saint-John Perse vor.

16. Lynn Margulis und Dorion Sagan, *Microcosmos; Four Billion Years of Evolution from our Microbial Ancestors*, New York: Simon and Schuster; Summit Books, 1986.

3. Kapitel

17. Man lese zu diesem Thema das 10. Kapitel von Werner Heisenberg, *Der Teil und das Ganze*, München: Piper 1969.

18. Es sei daran erinnert, daß die Vögel Nachfahren der Reptilien und damit Cousins der Dinosaurier sind. Scherzhaft könnte man Pirsig entgegnen, daß die Dinosaurier im Grunde vielleicht doch schon wußten, daß 2 + 2 = 4...

Ein noch erstaunlicheres Kapitel sind die musikalischen Kenntnisse der Vögel. Vom Menschen abgesehen, sind sie die einzigen im Tierreich, die singen können. Manche Forscher gehen noch weiter und behaupten, daß beispielsweise die Drosseln eine musikalische Sprache haben, die der unseren ziemlich verwandt ist. Der deutsche Verhaltensforscher Szoke will durch eine Analyse ihres Gesangs entdeckt haben, daß er Quinten und Oktaven enthält, jene Elemente der Musik, auf die sich die Intuition des Pythagoras gründete. Man muß feststellen, daß diese Behauptung bislang noch nicht die allgemeine Zustimmung der Verhaltensforscher gefunden zu haben scheint.

Schade – Pythagoras hätte sich bestimmt darüber gefreut. Wie dem auch sei, diese Vögel wissen vermutlich nicht, daß die Länge der Stimmbänder auf die Hälfte verkürzt werden muß, um die Oktave zu erreichen. Das ist wohl auch besser so, wenn man der Weisheit der folgenden chinesischen Fabel glauben kann.

Der Tausendfüßler war glücklich, sehr glücklich, bis ihn eines Tages eine zum Scherzen aufgelegte Kröte fragte: »Sag mir bitte, in welcher Reihenfolge du deine Füße setzt?« Das stürzte ihn eine solche Grübelei, daß er nicht mehr laufen konnte und in seinem Loch gefangen blieb.

19. Deleuze schreibt darüber: »Die empirische Psychologie beruht auf einer transzendentalen Topologie. Man ist geneigt, darauf zu erwidern, daß die transzendentale Topologie ihrerseits eine Konstruktion des menschlichen Geistes ist und insofern wiederum ein Gegenstand der empirischen Psychologie.«

20. Claude Lévi-Strauss, *L'Homme nu*, Paris 1971, S. 616.

21. Was geschieht in diesem Augenblick im Gehirn? Die Neurophysiologie lehrt uns, daß es für das Funktionieren des Gehirns auf die Verbindungen zwischen den Neuronen ankommt (wir kommen darauf noch zurück). Solange wir leben, entstehen »Verkabelungen« zwischen den Zellen unserer Großhirnrinde und lösen sich wieder auf. Das mit der Entdeckung verbundene schlagartige Erlebnis könnte darauf beruhen, daß neue Verbindungen entstanden sind. Doch wie hängen Verkabelung und die Einsicht in eine neue Erkenntnis zusammen? Auf welche Weise ermöglicht eine Verkabelung das Begreifen, daß es darauf ankommt, daß im ersten Glas nicht ein Tropfen Wasser mehr ist, wenn das zweite knapp gefüllt wurde und daß die Gläser *folglich* den gleichen Inhalt haben?

22. Jean-Claude Bringuier, *Conversations libres avec Jean Piaget*, Paris 1976.

23. Sigmund Freud, »Eine Kindheitserinnerung des Leonardo da Vinci«, *Gesammelte Schriften*, Bd. 9, Leipzig/Wien/Zürich 1925, und Arno Stern, *La Mémoire organique*.

24. Notgedrungen befindet sich diese Forschung in einer etwas paradoxen Lage. Die Wissenschaftler versuchen, das Funktionieren des Gehirns mit Hilfe ihres eigenen Gehirns zu verstehen. Am Horizont zeichnet sich wieder der Schatten des scherzhaften Duos »Gehirn« und »Denken« ab. Doch die Unklarheit dieser Situation hat die Männer und Frauen der Wissenschaft noch nie von ihrer Arbeit abgehalten. Zum Glück! Die modernen Forscher sind in einem gewissen Sinne die verwegenen Entdekkungsreisenden früherer Jahrhunderte, die sich auf den Weg machten, ohne die rußigen Kochtöpfe der Kannibalen, wie sie in den Büchern unserer Kindheit beschrieben wurden, zu fürchten.

25. Wer mehr darüber erfahren möchte, dem empfehle ich die Lektüre des Buches von Robert Ornstein und Richard Thompson, *Unser Gehirn: das lebendige Labyrinth*, Reinbek 1986. Der einfache Text und die herrlichen Illustrationen von David Macaulay machen dieses Buch zu einem kleinen Meisterwerk der Wissensvermittlung.

26. Jedes Neuron erhält durch Fortsätze, die sogenannten Dendriten, Impulse von anderen Neuronen. Diese Impulse können es zur »Entladung« veranlassen, die es über einen jeweils nur einmal vorhandenen Fortsatz, das »Axon«, an andere Neuronen weitergibt. Am Ende des sendenden Axons befindet sich eine Verdickung, die Synapse. Zwischen der Synapse und den (empfangenden) Dendriten der anderen

Neuronen liegt ein winziger Abstand, der »synaptische Spalt«. Er wird nicht vom elektrischen Impuls überbrückt, sondern von Molekülen, die sich in der Synapse befinden und durch den eingehenden elektrischen Impuls freigesetzt werden.

27. Nach neueren Untersuchungen scheinen die dendritischen Verbindungen für die Entstehung und Speicherung einer Erinnerung eine Rolle zu spielen (*Scientific American*, Juli 1989). Durch das Erlernen eines neuen Reflexes soll die Erregbarkeitsschwelle einer Gruppe von neuronalen Verknüpfungen herabgesetzt werden. Man stößt hier auf eine ziemlich alte Vorstellung: Die Erinnerungen werden dem Gehirn eingeprägt wie die Auswaschungen in einem Felsen. Das abfließende Wasser gräbt sich ständig weiter in diesen ein und hinterläßt immer tiefere Spuren.

28. Man findet bei Lévi-Strauss eine ganz ähnliche Ideologie, was diese leeren Felder betrifft. Er sieht in ihnen die Manifestation eines riesigen Uhrwerks, das die gesamte Menschheit umfaßt. Der Strukturalismus soll die Mechanismen dieses Uhrwerks gewissermaßen in Einzelteile, eben die »leeren Felder«, zerlegt haben. Auf einer mehr philosophischen Ebene – auch wenn er bestreitet, Philosophie zu betreiben – sieht er in ihnen den Beweis eines gewissen Determinismus des menschlichen Verhaltens, der sich mit der Idee der Freiheit und der individuellen Autonomie kaum vereinbaren läßt.

Er schreibt weiter: »Das Ich ist nicht nur hassenswert, sondern es gibt auch zwischen einem *wir* und einem *nichts* keinen Platz.« Die ethnologische Analyse hat, so gesehen, das Ziel und das Ergebnis, zu zeigen, daß das »Ich« eine Illusion ist und wir in Wahrheit nur Manifestationen eines kollektiven Ganzen sind; letztlich gibt es gar kein »Ich« (dieses Motiv findet man auch bei Foucault, bei Freud und – sehr viel früher – in der Zen-Philosophie).

Lévi-Strauss geht im Rahmen einer literarischen Auseinandersetzung mit dem Philosophen Jean-Paul Sartre in der Interpretation seiner Forschungen noch weiter. Sartre hatte ihn als »Ästheten« bezeichnet; darauf antwortet er: »Wir akzeptieren diese Bezeichnung als Ästhet insofern, als wir glauben, daß das letzte Ziel der Wissenschaften nicht darin besteht, den Menschen zu konstituieren, sondern ihn aufzulösen.«

Aber was heißt »auflösen« bei Lévi-Strauss? An anderer Stelle erinnert er daran, daß »auflösen« etwas mit »Lösungsmittel« zu tun hat. Das ist die Redeweise der Chemiker. Man denkt an das Wasser, das die Festkörper in eine große Zahl von Molekülen auflöst – und sie dadurch ihre Identität verlieren läßt. Lévi-Strauss meint demnach, daß sich das »menschliche Ich« unter dem Blick der Wissenschaft in seine konstitutiven Bestandteile auflöst.

Die ausführliche Diskussion findet man in *Comprendre Lévi-Strauss* von Jean Baptiste Fages, Paris 1972.

29. Jean-Pierre Changeux, *Der neuronale Mensch*, Reinbek 1984.

30. Schon zu Anfang unseres Jahrhunderts erkannte William James diese Mythologie und erregte sich über ihre Hohepriester. »Während alle Götter und Idole Schiffbruch erlitten haben, trichtern einige unserer Positivisten uns unaufhörlich ein, daß eine und nur eine Gottheit sich behauptet habe, und sie heißt Wissenschaftliche Wahrheit... Sehr gewissenhaft, glauben diese Herren, das Hindernis, das sie für sich selbst darstellen, überwunden zu haben, glauben sie, die Ketten ihrer subjektiven Neigungen zerbrochen zu haben. Doch sie täuschen sich. Sie haben bloß eine Wahl zwischen

diesen Neigungen getroffen ... das molekulare System, dem sie alles andere geopfert haben.«

31. Nach Minsky (zitiert von Guy Sorman in *Les Vrais Penseurs de notre temps*, Paris 1989) »besteht zwischen Materie und Geist kein Gegensatz, denn es ist die Materie, die den Geist hervorbringt, nach Gesetzen, die noch zu entdecken sind.« Um den Teufelskreis zu schließen, braucht man nur hinzuzufügen: »Die Materie bringt den Geist hervor, der die Gesetze hervorbringt, die die Materie so organisieren, daß sie den Geist hervorbringen kann ...«

4. Kapitel

32. In *Anthropologie structurale* (Paris 1968) schreibt Lévi-Strauss: »Das Unbewußte ist immer leer, oder genauer: es ist den Bildern ebenso fremd wie der Magen den Speisen, die ihn durchwandern.«

Zu seiner Meinungsverschiedenheit mit Jung sagt er (Fages): »Die Unzulänglichkeit des Jungschen Ansatzes wird dadurch bewiesen, daß die Mythen einander trotz ihrer scheinbaren Kreativität, Eigenwilligkeit und Fülle überall auf der Erde gleichen.« Inwiefern das ein Beweis sein soll, habe ich bis heute nicht begriffen ...

33. »Conscience du corps«, *Cahiers jungiens de psychanalyse*, Nr. 55, 1987, S. 1.

34. Ich hatte das Glück, kurz vor ihrem Tod längere Gespräche mit Françoise Dolto zu führen. Sie repräsentierte durch ihren Lebensweg und ihre Arbeit genau das, was mich interessierte. Als Kindertherapeutin hatte sie ständig mit jenem Punkt in der Mutterbeziehung zu tun, an dem es sich entscheidet, ob das Kind zu »lernen« und zu »schaffen« beginnt oder nicht. Ich hatte die Vorstellung, diese Gespräche niederzuschreiben, und vielleicht hätten diese Texte uns in der Suche nach dem Ursprung des Denkens ein wenig weiter gebracht. Doch ich war nicht imstande, von dieser fesselnden Begegnung irgend etwas festzuhalten. Was ich erlebte, glich eher einem Schauspiel. Wir sprachen über Konkretes, über Fallgeschichten. Vielfältige Variationen über ein Thema: die grundlegende Rolle des Körpers, der Mutterbeziehung, der Sprache als wesentliche Bedingungen für die Entwicklung des Denkens.

All diese Untersuchungen führen uns regelmäßig zu jenem rätselhaften Kontinent, den die Psychoanalytiker das »Unbewußte« nennen, wo der Geist in den Körper hineintaucht und aus ihm emportaucht, vorausgesetzt, eine aufmerksame Mutter wacht am Bett des Kindes.

35. »Die Realität läßt sich nicht auf das reduzieren, was Sprache ausdrücken kann. Sie mit einem gewissen Entsetzen betrachten, vermischt mit Stolz, wie ausströmende flüssige Materie, existentielles Magma, permanentes (und per definitionem gegen den Logos gleichgültiges) Chaos. Sie gerade als das wahrnehmen, dem kein treffendes Wort zu entsprechen vermag und das in keiner Literatur enthalten ist.

Jeder Schriftsteller, der diesen Namen verdient, arbeitet in der größenwahnsinnigen Illusion und Intention, die Realität zu erfassen, doch tatsächlich schafft er es nur, sein Verhältnis zu ihr zu klären und ganz genau Stellung zu beziehen.«

36. »Winnicotts Konzept der Übergangsphänomene ist entscheidend für das Verständnis des Zusammenhangs zwischen Innen- und Außenwelt; das Übergangsobjekt

ist jenes Objekt der Außenwelt, das die innerpsychischen Inhalte beziehungsweise die Phantasmen enthält oder einschließt. Die kulturellen Objekte... werden verstanden als gemeinsame Übergangsobjekte.« Richard Koenisberg, *Psychanalyse dans la civilisation*, Nr. 1, Okt. 1989.

37. »Wenn alles gutgeht, hat die Mutter in sich die Mittel, ihrem Säugling die Qualen des ›namenlosen Schreckens' zu ersparen, den die Trennung hervorruft.

Dank guter Primärerfahrungen wird (...) das Übergangsobjekt (Teddybär, Decke, Taschentuch) seinen Platz einnehmen. Das normale Kind wird imstande sein, dieses Objekt als von seinem Körper getrennt wahrzunehmen, und (...) dem ›Nicht-Ich‹ nicht völlig die Tür verschließen.« Frances Tustin, *Autisme et Psychose de l'enfant*, Paris 1977, zitiert in *Psychanalyse dans la civilisation*, Nr. 1, Okt. 1989.

38. Der dänische Physiker Niels Bohr stellte ein ganz ähnliches Verhältnis zwischen den Sprachen der Wissenschaft und der Religion fest. »Um es überspitzt zu formulieren: In der Religion verzichtet man von vorneherein darauf, den Worten einen eindeutigen Sinn zu geben, während man in der Naturwissenschaft von der Hoffnung – oder auch von der Illusion – ausgeht, daß es in viel späterer Zeit einmal möglich sein könnte, den Wörtern einen eindeutigen Sinn zu geben.« Zitiert in *Der Teil und das Ganze* von Werner Heisenberg, *op. cit.*

39. »All die Glanzleistungen der Mathematik und der Naturwissenschaften entspringen unserem unbezähmbaren Bedürfnis, die Welt in unseren Köpfen neu zu formulieren, in einer rationaleren Form als der, in der sie dort durch die ursprüngliche Organisation unserer sinnlichen Erfahrung niedergelegt wurde.« William James, *Lectures on Pragmatism*. Das mag sein, doch bleibt dabei vollkommen offen, warum diese »Neuformulierung« soviel leistungsfähiger, soviel vorhersagefähiger ist als die durch unsere Sinneserfahrung niedergelegte »ursprüngliche« Form.

40. Heisenberg schreibt in *Der Teil und das Ganze*, *op. cit.*, S. 17: »Malebranche könnte etwa sagen: Die gleichen ordnenden Tendenzen, die für die sichtbare Ordnung der Welt, für die Naturgesetze, die Entstehung der chemischen Elemente und ihre Eigenschaften, die Bildung der Kristalle, die Erzeugung des Lebens und alles andere verantwortlich sind, sie sind auch bei der Entstehung der menschlichen Seele und in dieser Seele wirksam. Sie lassen den Dingen die Vorstellungen entsprechen und bewirken die Möglichkeit begrifflicher Gliederung. Sie sind für jene wirklich existierenden Strukturen verantwortlich, die erst dann, wenn wir sie von unserem menschlichen Standpunkt aus betrachten, wenn sie in Gedanken fixiert werden, in ein Objektives – das Ding – und ein Subjektives – die Vorstellung – auseinanderzutreten scheinen.«

41. Von der Idee des *Chaos* im hier verwendeten Sinne läßt sich meines Erachtens wohl dasselbe sagen wie von der Idee des *Nichts* im Verhältnis zum *Sein*. Bergson schreibt: »Das Nichts ist eine Idee, die sich selbst zerstört, eine Pseudo-Idee, ein bloßes Wort.« Sartre schreibt: »Nicht das Sein taucht vor dem Hintergrund des Nichts auf, sondern das Nichts kann, sofern es gedacht wird, nur vor dem Hintergrund des Seins gedacht werden.« Diese beiden Aussagen scheinen mir ebenso auf das Wort *Chaos* im Verhältnis zum Wort *Organisation* zuzutreffen.

42. »Es steckt ein weit größeres Geheimnis, als man vielfach glaubt, in der bloßen Tatsache, daß ein wenig Wissenschaft möglich ist.« Louis de Broglie, *Le Continu et le Discontinu en physique moderne*, *op. cit.*, S. 81.

5. Kapitel

43. Dem »Heute« habe ich bei dieser Analogie zwei verschiedene Rollen gegeben: Es ist zugleich der *Schwan, einst* gefangen im Eis des Determinismus, und der *befreiende Flügelschlag* der Chaostheorie.

44. »Wir müssen also den gegenwärtigen Zustand des Weltalls als die Wirkung seines früheren und als die Ursache des folgenden Zustands betrachten. Eine Intelligenz, welche für einen gegebenen Augenblick alle in der Natur wirkenden Kräfte sowie die gegenwärtige Lage der sie zusammensetzenden Elemente kennte und überdies umfassend genug wäre, um diese gegebenen Größen der Analysis zu unterwerfen, würde in derselben Formel die Bewegungen der größten Weltkörper wie des leichtesten Atoms umschließen; nichts würde ihr ungewiß sein und Zukunft wie Vergangenheit würden ihr offen vor Augen liegen. Der menschliche Geist bietet in der Vollendung, die er der Astronomie zu geben verstand, ein schwaches Abbild dieser Intelligenz dar. Seine Entdeckungen auf dem Gebiete der Mechanik und Geometrie, verbunden mit der Entdeckung der allgemeinen Gravitation, haben ihn in Stand gesetzt, in demselben analytischen Ausdruck die vergangenen und zukünftigen Zustände des Weltsystems zu umfassen.« Pierre Simon de Laplace, *Philosophischer Versuch über die Wahrscheinlichkeit*, Leipzig 1932, S. 1f.

45. Einstein war einer der letzten unbeugsamen Verfechter des Pols Notwendigkeit. Der Glaube an einen absoluten Determinismus bestimmte, weit über den Kreis seines beruflichen Wirkens hinaus, sein ganzes Weltbild. Beim Tod seines Freundes Besso schrieb er die folgenden Zeilen: »Nun ist er mir auch mit dem Abschied von dieser sonderbaren Welt ein wenig vorausgegangen. Dies bedeutet nichts. Für uns gläubige Physiker *hat die Scheidung zwischen Vergangenheit, Gegenwart und Zukunft nur die Bedeutung einer wenn auch hartnäckigen Illusion.« Albert Einstein – Michele Besso, Briefwechsel. 1903-1955.* Paris 1972.

Ich finde diese Aussage faszinierend und gleichzeitig zutiefst erschütternd. Ich kann mir nicht vorstellen, daß ein solcher Glaube eine Quelle des Trostes beim Tod eines Freundes sein kann.

46. Woher kommen diese kosmischen Strahlen? Die Sterne verlieren ständig Materie an das All. Ein geringer Bruchteil der von ihrer Oberfläche herausgeschleuderten Atome wird auf Energien von Milliarden Elektronvolt beschleunigt. Bei den Stürmen und Eruptionen auf der Sonne gelangen schnelle Teilchen in das Planetensystem.

Diese Teilchen breiten sich dann in der Galaxis aus. Unter der Einwirkung der interstellaren Magnetfelder ändern sie ständig ihre Richtung und verlieren so die Erinnerung an ihren Herkunftsort. Aus allen möglichen Richtungen treffen sie auf die Staubkörner. Die Aufschlagstellen verteilen sich zufällig.

47. Nach den Heisenbergschen Unschärferelationen hängt die Möglichkeit, die Energie eines Systems zu bestimmen, mit der Zeitspanne zusammen, während derer das System betrachtet wird. Eine Spanne von 10^{-43} Sekunden (Plancksche Zeit) entspricht einer energetischen Unschärfe von 10^{28} Elektronvolt (was der kinetischen Energie eines von einem Champion geschlagenen Tennisballs gleichkommt). Bei solchen Energien machen quantenphysikalische Fluktuationen des Gravitationsfeldes alle Vorhersagen über die Zukunft des Systems unmöglich. Es ist, mit anderen Worten,

physisch unmöglich, die Stunde mit einer größeren Genauigkeit als der Planckschen Zeit anzugeben. Dies ist nicht eine technische, nur auf der heutigen Technologie beruhende Grenze, sondern eine, die von der Natur selbst (zumindest so, wie wir sie heute kennen) gesetzt wird.

48. Jacques Laskar vom Pariser Bureau des longitudes hat in neueren Berechnungen gezeigt, daß eine Ungenauigkeit von nur 15 Metern bei der Bestimmung der Position der Erde auf ihrer Umlaufbahn (eine relative Ungenauigkeit von 10^{-11}: eins zu hundert Milliarden) genügt, um jede Vorhersage der Bahnposition der Erde in hundert Millionen Jahren unmöglich zu machen. Er zeigt in derselben Arbeit, daß die Bahnen der Planeten Merkur, Venus und Erde, abgesehen von einigen Näherungen, chaotisch sind.

49. Um die Bedingungen des Chaos zu erzeugen, ist nicht immer eine große Zahl von Körpern nötig. In manchen Fällen genügen sehr wenige. Beispiele liefert die vorige Anmerkung.

50. Zu diesem neuen Kapitel gehören einige Namen und bildhafte Ausdrücke. Die Entdeckung des »Schmetterlingseffekts« und diese Bezeichnung verdanken wir Edward Lorenz; er veröffentlichte sie in einem Artikel mit der Überschrift: »Kann das Flügelschlagen eines Schmetterlings in Brasilien einen Tornado in Texas auslösen?«

Feigenbaum hat die »Bäckertransformation«, Mandelbrot die fraktale Geometrie entwickelt; David Ruelle, E. Takens und Michel Hénon entwickelten die »seltsamen Attraktoren«. Siehe hierzu James Gleick, *Chaos*, München 1988.

Im Zusammenhang mit den »dissipativen Strukturen« muß auch Ilya Prigogine erwähnt werden. Zu meiner Verwunderung habe ich entdeckt, daß es um diesen Namen eine heftige Kontroverse gibt. Um herauszufinden, worum es geht, habe ich einige Fachleute befragt.

Umstritten ist nicht die Infragestellung des absoluten Determinismus der klassischen Physik, sondern das, was die Brüsseler Schule wirklich dazu beigetragen hat.

Es wird allgemein anerkannt, daß Prigogines Arbeiten über die Thermodynamik der irreversiblen Prozesse für diese neue Sichtweise bahnbrechend waren. Es wird aber hinzugefügt, daß die entscheidenden Fortschritte der Theorie dynamischer Systeme sich vor allem mit den zuvor genannten Namen verbinden (siehe »Les ondes chimiques« von Christian Vidal, *La Recherche*, Dezember 1989).

In ihren gemeinsam verfaßten Werken *Dialog mit der Natur* (München 1981) und *Entre le temps et l'Éternité* (Paris 1988) haben Prigogine und Isabelle Stengers für ein breites Publikum dargestellt, wie die Zeit in die Welt der Wissenschaft zurückkehrt. Diese Bücher haben heute einen tiefen Einfluß auf die zeitgenössischen Denker.

51. Der von seinen werten Kollegen Physikern wenig geschätzte Naturforscher Buffon scheint ihnen hier voraus gewesen zu sein. In seiner *Histoire naturelle* schreibt er im Jahre 1783: »Alles geschieht, weil im Laufe der Zeit alles miteinander in Berührung kommt und weil in der Weite des Alls und in der Abfolge der Bewegungen jegliche Materie umgeschaufelt, jede Form gegeben, jede Gestalt geprägt wird; so bewegt alles sich aufeinander zu oder entfernt sich voneinander, alles vereint sich oder flieht einander, alles verbindet oder widerstreitet sich, alles erzeugt oder zerstört sich durch verbindende oder gegensätzliche Kräfte, die allein konstant sind und, indem sie sich die Waage halten, ohne einander zu schaden, das Universum beleben und es zu einem

Schauplatz immer wieder neuer Szenen und von unablässig neuerstehenden Objekten machen.« (*Histoire naturelle des minéraux*, 1783, Bd. 2, S. 107)

6. Kapitel

52. Für weitere Informationen über die Bedeutung der Photonen für die Entropie des Universums siehe mein Buch *Die kosmische Uhr.*

53. In einem physikalischen System, in dem die Schwerkraftenergie die übrigen Energieformen überwiegt (zum Beispiel einem Stern), *ist der isotherme Zustand nicht der Zustand der größten Energie*. Die Gasmasse erhöht ihre Entropie, wenn sie in sich zusammenstürzt. Damit steigt ihre Zentraltemperatur, und zwischen Zentrum und Oberfläche entsteht ein wachsender Temperaturunterschied. Die Größe der Schwerkraftenergie, die in Gestalt von Photonen frei wird, hängt mit der Steigerung der inneren Energie des Sterns, d.h. mit dem Anstieg seiner Innentemperatur, zusammen; dies beschreibt das Virialtheorem. Dank dieser speziellen Eigenschaft der Gravitation ist das Universum aus seiner ursprünglichen Isothermie herausgekommen, und dank ihrer sind die Energien des Kosmos nutzbar geworden.

54. Dies ist natürlich nur eine lehrhafte Analogie. Dieser Satz bedeutet insbesondere nicht, daß die Wissenschaft, wenn sie lernen würde, diese Sprache zu sprechen, imstande wäre, die Realität zu erschöpfen. Dieses Thema war Gegenstand des ersten Kapitels.

55. Nach den Arbeiten von Stephen Hawking glauben wir heute, daß die Schwarzen Löcher nicht wirklich schwarz sind. Aufgrund eines Quanteneffekts besitzen sie eine thermische Strahlung, deren Temperatur ihrer Masse umgekehrt proportional ist. Diese Strahlung könnte in ferner Zukunft zur bedeutendsten Informationsquelle im Universum werden (siehe *Die kosmische Uhr*).

56. Großartige Realisierungen findet man in den Werken von Claude Nurisdany und Maurice Perennou, *Voir l'invisible* und *Photographier la nature*, bei Hachette.

57. Der entscheidende Faktor ist hier *die Stabilität der Strukturen*. Die Reaktionen zwischen den verschiedenen Teilchen begünstigen tendenziell die stabilsten Strukturen. In dem Maße, wie sich das Universum abkühlt, weicht die Monotonie der chaotischen Urlandschaft der großen Vielfalt der Atom- und Molekülarten. Ihre Bildung war von der Tatsache bestimmt, daß sie stabiler sind als die Bausteine, aus denen sie entstanden sind.

Die Physik lehrt, daß das Universum wieder in Monotonie zurückfiele, wenn das Streben nach Stabilität bis an seine Grenzen getrieben würde. Bei hoher Temperatur ist der Teilchenbrei, den uns die Beobachtung der fernen Vergangenheit zeigt, der stabilste Zustand. Bei unseren Temperaturen ist der stabilste Zustand das Eisen. Wäre die Evolution der kosmischen Materie gänzlich vom Streben nach Stabilität bestimmt gewesen, enthielte unser Universum heute ausschließlich Eisenatome. Der ursprünglichen Monotonie der Elementarteilchen wäre die Monotonie des Eisens gefolgt.

Daß die Vielfalt von Atomen und Molekülen entstanden ist, beruht auf dem Wirken der Kernkraft sowie der elektromagnetischen Kraft, die immer stabilere Strukturen zu erzeugen suchen. Dieses Bestreben wurde gebremst durch die Entstehung von Regionen des Ungleichgewichts, ohne die sich die Mannigfaltigkeit in eine neue Monotonie verwandelt hätte.

Diese Ungleichgewichte sind ungemein fruchtbar. Nicht zufrieden damit, die natürliche Tendenz der Kräfte zur Monotonie zu neutralisieren, öffnen sie dem Neuen, dem Noch-nicht-dagewesenen die Tür. Unter ihrer Kontrolle bleiben die Resultate der Wechselwirkungen weitgehend unvorhersehbar. Bereits vorhandene Strukturen (Atome, Moleküle) können sich zu neuen Gebilden verbinden, die sich ihrerseits dem gleichen Spiel hingeben können.

7. Kapitel

58. Ein einfaches Beispiel soll zeigen, daß der Übergang vom weniger Wahrscheinlichen zum Wahrscheinlicheren nicht notwendig die Entstehung von Neuem bedeutet.

Betrachten wir eine Filmsequenz. Es soll nun bestimmt werden, welcher Ablauf der richtige ist. Gefilmt wird ein Würfelspiel. Im ersten Bild liegen zwei Würfel auf dem Tisch. Die oben liegenden Zahlen werden zusammengezählt. Jetzt wird neu gewürfelt. Wieder liegen die Würfel auf dem Tisch. Nochmals wird die Summe errechnet.

Angenommen, beim ersten Spiel ergibt sich 2, beim zweiten 7. Die Summe 2 kann bekanntlich nur herauskommen, wenn beide Würfel eine 1 zeigen. Die Summe 7 kann sich auf sechserlei Weise ergeben: 1 + 6, 2 + 5, 3 + 4, 4 + 3, 5 + 2, 6 + 1. Die Sequenz, in der 7 auf 2 folgt, ist wahrscheinlicher als die Sequenz, in der 2 auf 7 folgt. Die richtige Sequenz ist wahrscheinlich die, die mit 2 beginnt und mit 7 endet.

Diese Sequenz zeigt uns, daß aus dem Übergang vom Unwahrscheinlichen zum Wahrscheinlichen keineswegs etwas Neues folgt. Die sechs Endzustände waren schon im voraus bekannt. Man wußte, daß einer von ihnen eintreten würde, nur wußte man nicht, welcher.

59. Genauer gesagt, sind die Chancen, daß der Tintentropfen sich erneut bildet, bei den Anfangsbedingungen, die sich aus der vorstehenden Überlegung ergeben, nicht größer als bei jeder beliebigen, willkürlich gewählten Anfangsbedingung.

60. Man könnte versucht sein einzuwenden, daß die allzu begrenzte Kenntnis der Anfangsbedingungen ein Merkmal des Rechners und nicht des Tropfens sei. Die Tintenmoleküle »kennen« ihre Orte und ihre Geschwindigkeiten. Sie werden den Weg zur Neubildung des Tropfens schon finden, auch wenn der Rechner es nicht kann.

Dazu vorweg die Anmerkung, daß Computer leichter zu kontrollieren sind als Wassergläser. Setzt man einen guten Computer in Gang, so kann er, ohne daß weitere Störungen dazwischentreten, seine Rechenoperation in aller Ruhe beenden. Diese Sicherheit besteht für die Moleküle in dem Glas nicht. Die geringste Erschütterung, ein Lastwagen auf der vorbeiführenden Straße, ein Flugzeug am Himmel, schon ein Luftstrom in der Atmosphäre des Neptun genügen, um eine Vibration zu erzeugen, die, so geringfügig sie auch sei, vollkommen hinreicht, um die Teilchenbahnen durcheinanderzubringen. Die »Schmetterlinge« haben immer das letzte Wort.

Weiter sei daran erinnert, daß die Moleküle den quantentheoretischen Unschärferelationen unterliegen. Für die gleichzeitige Bestimmung ihrer Orte und ihrer Geschwindigkeiten gibt es eine natürliche Grenze. Diese Grenze macht die Vorstellung von einer vollständig definierten Teilchenbahn zunichte – und damit die Hoffnung auf eine Neubildung des Tropfens. Wir sind wieder bei der Situation unserer dritten, durch die »Plancksche Zeit« begrenzten Uhr.

61. Man nimmt heute an, daß die Gleichungen der Physik – und zwar sowohl der klassischen wie der Quantenphysik – zeitlich umkehrbar sind. Ersetzt man also in ihrer mathematischen Formulierung die Variable »t« durch » – t« (Umkehr der Zeitrichtung), so ändert das nichts an ihrer Aussage. Man hat jedoch festgestellt, daß diese zeitliche Invarianz der *Gleichungen* nicht garantiert, daß *die Lösungen dieser Gleichungen* im Hinblick auf die Umkehrung des Pfeils der Zeit invariant sind.

Anders gesagt: Mögen die Gleichungen uns auch den Eindruck vermitteln, daß Vergangenheit und Zukunft sich spiegelbildlich zueinander verhalten, so wird dieser Eindruck doch nicht durch die Lösungen dieser Gleichungen bestätigt, besonders wenn man über ihre Vorhersagehorizonte hinausgeht.

Damit stellt sich erneut die Frage: Wenn die Vergangenheit über kurze Zeitspannen der Zukunft ähnelt, wie kommt es dann, daß sie sich über längere Zeitspannen von ihr unterscheidet?

Prigogine hat diese Frage so zu beantworten versucht, daß er die zeitliche Invarianz der Gleichungen selbst anzweifelt. Er glaubt, die bisherigen, bezüglich der Zeitumkehr invarianten Gleichungen der Quantenphysik könnten durch neue, ebenso gültige Gleichungen ersetzt werden, die aber bezüglich der Zeitumkehr nicht invariant sind. Der Beweis steht jedoch noch aus.

In diesem Kapitel habe ich zu zeigen versucht, daß Vergangenheit und Zukunft auf jeden Fall verschieden sind, wie kurz oder lang der Zeitmaßstab auch sein mag. Im Anhang wird diese Frage ausführlicher behandelt.

62. Die Tatsache, daß der Billardtisch nicht im Freien, nicht unter offenem Himmel steht, ändert am Argument grundsätzlich nichts. In diesem Fall wird das Bauwerk, in dem er sich befindet, zum Vermittler, über den die infraroten Photonen mit dem Universum ausgetauscht werden.

63. Der Begriff des Vorhersagehorizonts gilt gleichermaßen für Gleichgewichte wie für Ungleichgewichte. Nur wird die »befreiende« Wirkung in Gleichgewichten neutralisiert.

Betrachten wir eine Gruppe von Teilchen. Da wir ihre Orte und Geschwindigkeiten in einem gegebenen Augenblick kennen, können wir ihr Verhalten während einer bestimmten Zeitspanne, deren Dauer durch den Vorhersagehorizont gegeben ist, vorhersagen. Welche Konfiguration sie jenseits dieses Horizonts annehmen werden, entzieht sich unserer Kenntnis.

In einer Gleichgewichtssituation gleichen sich die Konfigurationen jedoch an. Durch einfache Anwendung der Gleichgewichtsformeln ist das Gesamtergebnis in jedem Augenblick berechenbar.

8. Kapitel

64. Im Herbst 1989 wurde ein mit entsprechenden Detektoren ausgestatteter Satellit in die Umlaufbahn gebracht, um die Eigenschaften dieser berühmten fossilen Strahlung noch genauer zu untersuchen. Die Astronomen waren über die ersten Meßergebnisse verblüfft. Die Strahlung entspricht sehr genau dem, was die Urknalltheorie erwarten läßt. Sie bestätigt die Vorstellung, daß das frühe Universum vollkommen desorganisiert, vollkommen »thermalisiert« war.

65. Wenn ich von der Natur und dem Menschen spreche, bediene ich mich ganz bewußt und mit Absicht einer mehrdeutigen Sprache. Natürlich kann der Mensch aus dem natürlichen Zusammenhang, in den er gestellt ist, nicht herausgelöst werden. Er ist, genau wie die Steine und die Grasmücken, ein Teil der Natur. Man kann aber über die uns interessierende Situation zusätzliche Einsichten gewinnen, wenn man ihn einmal als losgelöst von diesem universellen Rahmen betrachtet. Nur muß man ihn anschließend auch wieder in diesen hineinstellen. Im neunten Kapitel werden wir auf dieses Thema zurückkommen.

66. Ob diese neuen Instrumente ebenso intensive Gemütsbewegungen zu erzeugen vermögen wie das klassische Orchester, bleibt abzuwarten; die Zukunft und die Komponisten werden die Antwort geben.

67. Bei den Griechen bezeichnet das Wort »Kosmos« sowohl das Universum als auch die Ordnung und die Schönheit des Universums. Daher unser Wort »Kosmetik«.

9. Kapitel

68. In *Timon von Athen* (3. Akt, 1. Szene) schildert Shakespeare uns seine Sicht der Tierwelt, in der man nichts von der friedlichen Koexistenz und der ungestörten Harmonie des irdischen Paradieses findet.

»Wärst du ein Löwe, würde der Fuchs dich betrügen; wärst du ein Lamm, würde der Fuchs dich fressen; wärst du der Fuchs, so würdest du dem Löwen verdächtig, wenn zufällig dich der Esel anklagte; wärst du der Esel, würde deine Dummheit dich plagen, und obendrein lebtest du nur als Frühstück für den Wolf; wärst du der Wolf, würde dich dein unersättlicher Hunger quälen, und oft würdest du dein Leben an einen Fraß wagen; wärst du das Pferd, so packte dich der Leopard; deine einzige Rettung wäre Flucht, die einzige Verteidigung Abwesenheit. Welches Tier könntest du sein, das nicht von einem andern überwältigt würde?« (Übertragung von Robert Prechtl; Berlin 1921)

69. Vielleicht ist es in Wahrheit doch nicht ganz so einfach. Was die biologische Evolution der Arten angeht, erstrecken sich unsere Beobachtungen über sehr kurze Zeiträume.

70. Am Sozialverhalten der Termiten wollten wir zeigen, wie wenig sich die Natur offensichtlich um die Individuen kümmert. Das vollkommen auf das Wohl der Gesellschaft ausgerichtete »Gesetz des Termitenhügels« geht über die Termite, als Person gesehen, hinweg. Ihr ist keine Eigeninitiative erlaubt. Wenn das Wohl der Gruppe es erfordert, wird sie erbarmungslos geopfert.

Wie steht es in dieser Hinsicht um die moderne Gesellschaft? Das Jahr 1984 hat uns den Roman von George Orwell ins Gedächtnis gerufen. Dieses Datum hat im Laufe der Jahre eine verhängnisvolle Nebenbedeutung, einen vagen Beigeschmack von »Weltuntergang« angenommen. Man denkt dabei an eine »Versteinerung« des Menschengeschlechts. Eine Art Tod der Menschheit. Nicht im Sinne von *rigor mortis*, sondern im Hinblick auf das, was uns zu lebendigen Wesen macht: die Freiheit, die Kreativität, die Phantasie.

In meiner Erinnerung hat sich Orwells Roman mit Aldous Huxleys *Brave New World* zu einem Bild dessen vereint, was für uns die größte Gefahr ist: der Termitenhügel. Der starke, unpersönliche Staat, der den einzelnen mit technischen Mitteln kontrolliert. Die Geheimagenten, die Psychologen mit ihrer Gehirnwäsche und die Manipulatoren an der Genetik machen jedem Bürger klar, daß *»Big Brother is watching you«* und jede Hoffnung auf Freiheit nicht nur vergeblich, sondern sogar schädlich ist.

Wie steht es zu Beginn der neunziger Jahre um diese Vorhersagen? Auf der internationalen Ebene scheinen Orwells düstere Vorhersagen glücklicherweise nicht gerechtfertigt zu sein. Etliche Länder Europas und Südamerikas haben sich von ihren Diktaturen befreit. Huxley hat die Entwicklung besser vorhergesehen. Das Gespenst des Termitenhügels erfaßt die Demokratien selbst. Wie weit die Kontrolle des Staates über jeden einzelnen schon gediehen ist, ersieht man aus der steigenden Zahl von Nummern, Karten und Papieren, die man besitzen muß, um überhaupt *existieren zu dürfen*. Unter der Parole »der Staat will Ihr Bestes« wird jeder Bürger aufgefordert, sich unter seine schützenden Fittiche zu begeben, ein von Verantwortung befreiter, infantilisierter »Sozialversicherter« zu werden. Wichtige Entscheidungen über unsere Zukunft werden vielfach von unpersönlichen und unfähigen Bürokratien getroffen. Auch dadurch scheint die Zukunft der Kreativität aufs höchste gefährdet zu sein.

Was mich optimistisch stimmt, sind die Dissidenten. In Abwandlung des Evangeliums kann man sagen: »Die Furcht des Staates, das ist Weisheit«. Sie ist verbunden mit Mißtrauen gegenüber der Zentralisierung. Sie begünstigt persönliche Initiativen und die Entfaltung von Aktionen auf den unteren Ebenen. *»Small is beautiful.«*

Die langfristige Lösung, die Aussicht auf das Leben und Überleben kann nur von der persönlichen Entfaltung kommen. Der starke Staat findet seine Anhänger unter Menschen, die keine Persönlichkeit haben, die für die Propaganda und für die Macht der mythischen Bilder empfänglich sind. Es war der Mythos des »Führers«, der Millionen von jungen Hitleranhängern in das Gemetzel getrieben hat.

Doch es wird ein langwieriger Kampf sein. Nicht mit äußerlichen, sondern mit inneren Waffen. Es ist Sache der Erzieher auf allen Ebenen, nicht künftige staatliche Aufpasser heranzuziehen, sondern die Entdeckung des Ichs und seiner Möglichkeiten zu fördern. Der beste Schutz gegen die Entstehung des Termitenstaates sind freie und verantwortungsbereite Bürger.

71. Wenn hier immer wieder von den wechselhaften Beziehungen zwischen *Mensch und Natur* die Rede war, hätte man vielleicht besser von den Beziehungen zwischen *Intelligenz und Natur* sprechen sollen. Auf unserem Planeten hat der Mensch stärker als jede andere Art die Intelligenz entwickelt. An anderen Orten des Universums könnte es anders sein.

Im Wettbewerb der Überlebensstrategien nimmt die Intelligenz den ersten Platz ein. Es ist daher anzunehmen, daß sie sich, falls es andere bewohnte Planeten gibt, dort auch bei einigen Arten entwickelt hat. Vielleicht sind ja im Planetengefolge des Sterns Beta Pictoris die Hominiden die Versuchskaninchen der Kaninchen. Vielleicht stellen ja in der Umgebung von Capella die Ratten Menschenartige im Wanderzirkus aus. Sollte das der Fall sein, so kann man sich vorstellen, daß diese Arten, auf einem Intelligenzniveau angelangt, das dem unseren ebenbürtig oder überlegen ist, mit unseren heutigen Problemen konfrontiert sind.

72. Vgl. André Langaney, *Le Sexe et l'Innovation*, Paris 1979 und 1987.

73. »Was hat der denn damit zu tun? Seit wann glauben die Astrophysiker, berechtigt zu sein, ihre Meinung zur Abtreibung zu äußern?« Ich meine, daß dieses Problem so wichtig und so schwierig ist, daß jeder sich dafür interessieren und seine Ansicht dazu äußern sollte.

10. Kapitel

74. »Mit den alten Göttern ging es ja lange schon zu Ende: – und wahrlich, ein gutes fröhliches Götter-Ende hatten sie!

Sie ›dämmerten‹ sich nicht zu Tode, – das lügt man wohl! Vielmehr: sie haben sich selber einmal zu Tode – gelacht!

Das geschah, als das gottloseste Wort von einem Gotte selber ausging, – das Wort: ›Es ist Ein Gott! Du sollst keinen andern Gott haben neben mir!‹ –

– ein alter Grimmbart von Gott, ein eifersüchtiger, vergaß sich also: –

Und alle Götter lachten damals und wackelten auf ihren Stühlen und riefen: ›Ist das nicht eben Göttlichkeit, daß es Götter, aber keinen Gott gibt?‹«

Nietzsche, *Also sprach Zarathustra*.

75. In Nietzsches *Jenseits von Gut und Böse*.

76. *Ever since Darwin* von Stephen Jay Gould (New York 1977) sollte man lesen, wenn man an einer intelligenten und abgewogenen Kritik der Soziobiologie interessiert ist. Gould erkennt an, was diese Disziplin an Positivem beigesteuert hat, weist aber ihre unbegründeten Behauptungen zurück.

77. Edward O. Wilson in *Biologie als Schicksal*, Berlin 1980.

78. Gläubige verschiedener Religionen haben zu zeigen versucht, daß ihre überlieferte Lehre der wissenschaftlichen Forschung voraus gewesen sei. Aus ihren Bemühungen ergibt sich stets, daß ihre Religion die einzig richtige sei und die Menschheit auf die befreiende Wahrheit gewartet habe, bis sie endlich kam...

In der islamischen Welt bemüht man sich in den letzten Jahren um den Nachweis, daß der Koran eine ganze Reihe wissenschaftlicher Wahrheiten enthalte, die letztlich durch die moderne Forschung bestätigt worden seien. Mohammed wäre demnach ein doppelter Prophet gewesen: ein Prophet Gottes, aber auch ein Prophet der Wissenschaft.

Kürzlich konnte ich diese Frage mit einem moslemischen Intellektuellen aus Algerien diskutieren. Diese Begegnung war für mich sehr aufschlußreich.

Vor allem wollte ich wissen, warum ein gebildeter und kultivierter Mensch wie er diesem Bemühen eine so große Bedeutung beimißt, und fragte ihn: »Die Lehren des

Koran haben auch dann ihren Wert, wenn Mohammed nicht der wissenschaftliche Vorläufer ist, den Sie in ihm sehen wollen. Warum halten Sie an diesem kaum haltbaren Vorhaben fest?«

»Der Koran enthält Behauptungen religiöser, politischer und wissenschaftlicher Art. Wenn er wissenschaftlich recht hat, kommt die Glaubwürdigkeit, die er dadurch zusätzlich gewinnt, den anderen Behauptungen zugute.«

Aus dieser Antwort entnehme ich, daß er Zweifel an der Botschaft seiner Religion hat. Diese bedarf einer doppelten Absicherung. Die Botschaft Mohammeds muß, um wirklich glaubwürdig zu sein, sowohl die Weisheit als auch die wissenschaftliche Wahrheit enthalten.

»Und was werden Sie tun, wenn Sie entdecken, daß der Koran wissenschaftliche Irrtümer enthält?«

»Unmöglich«, sagte er mir, »der Koran kann sich nicht irren, denn er ist das Wort Gottes.«

Ich habe mich gefragt, ob er wirklich davon überzeugt war.

79. Wenn ich dies schreibe, so will ich damit nicht über die negativen Aspekte der Religionen hinweggehen, die sich in der ganzen Menschheitsgeschichte gezeigt haben. Wenn religiöse Institutionen entstehen, wird die Botschaft in der Regel verzerrt, und in den Institutionen halten umstrittene Erscheinungen wie der Machthunger Einzug.

80. Bertrand Russell, *Science et Religion*, Paris 1971.

81. In der *Kritik der reinen Vernunft*.

Natur und Umwelt

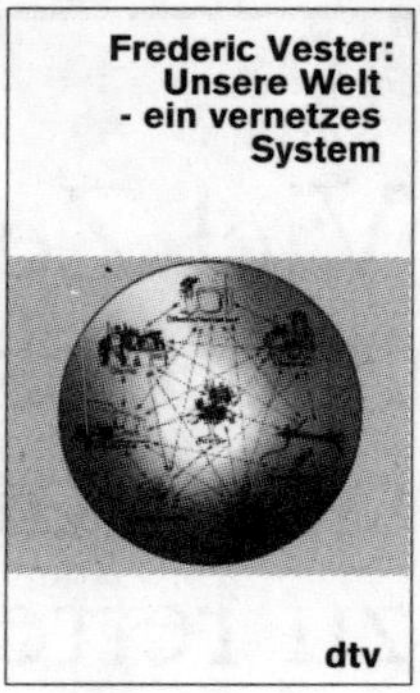

Maureen & Bridget Boland:
Was die Kräuterhexen sagen
Ein magisches Gartenbuch
dtv 10108

Jürgen Dahl:
Nachrichten aus dem Garten
Praktisches, Nachdenkliches und Widersetzliches aus einem Garten für alle Gärten
dtv/Klett-Cotta 30077

Zeit im Garten
Zwölf Gänge durch den Garten am Lindenhof und anderswo
dtv 30391

Dieter Heinrich / Manfred Hergt:
dtv-Atlas zur Ökologie
Mit 116 Farbtafeln
dtv 3228

Henry Hobhouse:
Fünf Pflanzen verändern die Welt
Chinarinde, Zucker, Tee, Baumwolle, Kartoffel
dtv / Klett-Cotta 30052

Edith Holden:
Vom Glück, mit der Natur zu leben
Naturbeobachtungen aus dem Jahre 1906
dtv 30049

Die schöne Stimme der Natur
Naturerlebnisse aus dem Jahre 1905
dtv 30027

Frederic Vester:
Unsere Welt – ein vernetztes System
dtv 10118

Neuland des Denkens
Vom technokratischen zum kybernetischen Zeittafel
dtv 10220

Ballungsgebiete in der Krise
Vom Verstehen und Planen menschlicher Lebensräume
dtv 30007

Hoimar v. Ditfurth im dtv

Der Geist fiel nicht vom Himmel
Die Evolution unseres Bewußtseins

Die Entstehung menschlichen Bewußtseins als notwendiges Ergebnis einer Jahrmilliarden langen Entwicklungsgeschichte. dtv 1587

Im Anfang war der Wasserstoff

Ein Report über 13 Milliarden Jahre Naturgeschichte, angefangen vom Urknall über die Entstehung des »Abfallprodukts« Erde, über die große Sauerstoffkatastrophe, die Entstehung der Warmblütigkeit (und damit die Voraussetzung für das menschliche Bewußtsein) bis hin zur Möglichkeit interplanetarisch-galaktischer Kommunikation. Durchgehend verzeichnet Ditfurth dabei das Vorherrschen von Vernunft. dtv 30015

Kinder des Weltalls
Der Roman unserer Existenz

Anhand wissenschaftlicher Erkenntnisse vollzieht Ditfurth nach, warum auf unserer Erde Leben entstehen konnte und wie unser Dasein von ineinandergreifenden kosmischen Vorgängen abhängt. dtv 10039

Wir sind nicht nur von dieser Welt
Naturwissenschaft, Religion
und die Zukunft des Menschen

»Dies Buch wird in der Überzeugung geschrieben, daß die naturwissenschaftliche und religiöse Deutung der Welt und des Menschen miteinander in Einklang zu bringen sind.« (Hoimar von Ditfurth)
dtv 30058

Foto: York-Foto, Freiburg i. Br.

Innenansichten eines Artgenossen
Meine Bilanz

Ditfurths letztes und reifstes Buch – das Weltbild eines Denkers, der die Grenzen zwischen den Wissenschaften überschritten hat. dtv 30022

Hoimar v. Ditfurth/Dieter Zilligen:
Das Gespräch
Mit zahlreichen Fotos

Hoimar v. Ditfurths letztes Interview. Ein kraftvolles Vermächtnis des großen Publizisten, Mahners und Warners. dtv 30329

Zusammen mit Volker Arzt:

Dimensionen des Lebens
Reportagen aus der Naturwissenschaft auf der Grundlage der Fernsehreihe »Querschnitte«.
dtv 1277

Querschnitte
Reportagen aus der
Naturwissenschaft
Zehn weitere Beiträge aus der erfolgreichen Fernsehserie »Querschnitte« in Buchform. dtv 30054

Biologie im dtv

Vitus B. Dröscher:
Überlebensformel
Wie Tiere Umweltgefahren meistern
dtv 30043

Nestwärme
Wie Tiere Familienprobleme lösen
dtv 10349

Wie menschlich sind Tiere?
dtv 30037

Geniestreiche der Schöpfung
Die Überlebenskunst der Tiere
dtv 10936

Magie der Sinne im Tierreich
dtv 11441

Adrian Forsyth:
Die Sexualität in der Natur
Vom Egoismus der Gene und ihren unfeinen Strategien
dtv 11331

Karl von Frisch:
Du und das Leben
Einführung in die moderne Biologie
dtv 11401

Matthias Glaubrecht:
Wenn's dem Wal zu heiß wird
Neue Berichte aus dem Alltag der Tiere
dtv 11482

Matthias Glaubrecht:
Duett für Frosch und Vogel
Neue Erkenntnisse der Evolution
dtv 30308

Stephen Jay Gould:
Die Entdeckung der Tiefenzeit
Zeitpfeil oder Zeitzyklus in der Geschichte unserer Erde
dtv 30335

Hans Hass / Irenäus Eibl-Eibesfeldt:
Wie Haie wirklich sind
dtv 10574

Theo Löbsack:
Das unheimliche Heer
Insekten erobern die Erde
dtv 11389

Unterm Smoking das Bärenfell
Was aus der Urzeit noch in uns steckt
dtv 30312

Konrad Lorenz:
Er redete mit dem Vieh, den Vögeln und den Fischen
dtv 30053

So kam der Mensch auf den Hund
dtv 30055

Das Jahr der Graugans
Mit 147 Farbfotos von Sybille und Klaus Kalas
dtv 1795

Josef H. Reichholf:
Der Tropische Regenwald
Die Ökobiologie des artenreichsten Naturraums der Erde
dtv 11262

Erfolgsprinzip Fortbewegung
Die Evolution des Laufens, Fliegens, Schwimmens und Grabens
dtv 30320

Das Rätsel der Menschwerdung
Die Entstehung des Menschen im Wechselspiel mit der Natur
dtv 30341

Das Buch

Immer mehr Menschen werden sich der Verantwortung bewußt, die sie gegenüber der Natur haben; doch ist diese Natur uns modernen Menschen im Grunde längst abhanden gekommen, da unser Blick auf sie immer stärker vom Wissen über die mathematisch-physikalisch-chemischen Gesetzmäßigkeiten verstellt wird. Der kanadische Naturwissenschaftler Hubert Reeves vereint in diesem Buch auf ungewöhnliche Weise Poesie und Naturwissenschaft: Auf zahlreichen Streifzügen in der Umgebung eines Dorfes in Burgund denkt er über das Wesen der Logik nach, sucht nach Freiheit und Kreativität in den physikalischen Gesetzen, wägt einen herrlichen Sonnenuntergang gegen die Maxwellschen Lichtgleichungen ab oder beschreibt am Beispiel eines Schmetterlingsfluges die begrenzte Vorhersagbarkeit natürlicher Vorgänge. Dabei tritt der Autor nicht als großer Lehrer auf, der alles weiß, sondern wirkt eher wie ein weiser Freund, dessen ganz persönlichen Meditationen über die Schönheiten und Gesetzmäßigkeiten der Natur man gerne zuhört. »Ihm gelingt die hohe Kunst, die vielfältigen und ungewohnten Perspektiven solcher Probleme auszuleuchten. Sein Buch regt zu einem völlig neuen Denken an.« (Hans-Jörg Fahr in ›Bild der Wissenschaft‹)

Der Autor

Hubert Reeves, geboren 1932 in Montreal, ist Astrophysiker. Er war Universitätsprofessor sowie Berater der NASA und arbeitet heute als Forschungsdirektor am C.N.R.S., dem bedeutendsten naturwissenschaftlichen Forschungsinstitut Frankreichs.